はじめての
機械要素

吉本 成香 著
Yoshimoto Shigeka

森北出版株式会社

●本書の補足情報・正誤表を公開する場合があります．当社 Web サイト（下記）で本書を検索し，書籍ページをご確認ください．

https://www.morikita.co.jp/

●本書の内容に関するご質問は下記のメールアドレスまでお願いします．なお，電話でのご質問には応じかねますので，あらかじめご了承ください．

editor@morikita.co.jp

●本書により得られた情報の使用から生じるいかなる損害についても，当社および本書の著者は責任を負わないものとします．

|JCOPY| 〈(一社)出版者著作権管理機構 委託出版物〉

本書の無断複製は，著作権法上での例外を除き禁じられています．複製される場合は，そのつど事前に上記機構（電話 03-5244-5088，FAX 03-5244-5089，e-mail: info@jcopy.or.jp）の許諾を得てください．

はじめに

　機械の製造や設計に携わっていない方が,「機械要素」という言葉を聞いても,はたして何のことやらと思うに違いない。このことからすると「機械要素」という言葉は,世の中一般では使用される機会の少ない言葉であり,機械に関係している方のみが知る専門用語といえるかもしれない。しかし,「機械要素」という言葉は知らなくても,「ねじ」や「歯車」という言葉を知らない方は少ないのではないだろうか。機械要素とは,各種の機械で共通的な役割を果たしている最小単位の部品のことであり,「ねじ」や「歯車」も機械要素の一種である。したがって機械は,機械要素の組み合わせによって成り立っており,それらの組み合わせを変えることで,種々の機能を生み出していると言える。

　機械要素には,数多くの種類があり,そのすべてについてある程度の知識を持つことは大変であるが,機械を設計するためには,身につけておかなければならない基本的な知識である。さらに,これらの機械要素については,日々,改良や開発が行われており,優れた機能を持つ機械要素が新たに生み出されている。したがって,数年前まで用いられていたものがあまり使われなくなり,新しいものがそれに代わって使われ始めるということはよくある。よって設計者は,常に新しい情報に接する努力を怠らないことが大切であり,著者の限られた経験の中でも「知っているか知らないか」が,設計においては,意外と大きな差を生ずることが多い。

　さて機械要素の種類が多いことを述べたが,機械要素の多くは,JIS(日本工業規格)によって規格化されている。したがってJISに制定されている機械要素については,設計者が自分で機械要素を設計することは少ない。むしろ機械要素を作る専門メーカーの製品群の中から製作しようとしている機器の仕様に合っているものを選定し,適切な使い方をすることが大事になる。しかし,軸

や一部のすべり軸受のように，JISに規格化されていないものもある．このような要素については，設計者自身がその設計法を理解した上で，形状や材料を決定しなければならない．また本文中にも書いているが，機械要素設計が適切に行われなかったことが，機械製品全体の故障の原因となったという事例はよく報告されている．したがって設計者は，機械要素の選定やその設計に際しては，それが機械全体の性能や信頼性に影響するということをつねに念頭においておくことが大切である．

　本書は，機械工学を専門としない方やこれから機械工学を学ぼうとしている学生を対象として，JISに規格化されている機械要素を中心に，どのような種類があるか，どのように使われるのか，どのように選定をすればよいのかをできる限り具体的にまた理解し易く書いたものである．

　なお本書は，2003年2月に㈱工業調査会から初版が発行されたが，2010年9月に工業調査会が事業を停止したことを受け，同じ内容の本を森北出版㈱から発行することになったものである．

2011年1月

吉本　成香

CONTENTS

はじめに

第1章　機械に関する基礎知識
1.1　機械の構成 ——————————————————10
1.2　機械要素の標準化と分類 ————————————11
1.3　機械要素材料の機械的性質と種類 ————————14
 1.3.1　材料の機械的性質と強度　14
 1.3.2　機械要素材料の種類　16
1.4　機械要素に加わる力と疲れ寿命 —————————18
1.5　許容応力と安全率 ——————————————20
1.6　はめあいと寸法公差 —————————————21
 1.6.1　はめあいの種類　21
 1.6.2　はめあいの種類と寸法公差　22
1.7　表面粗さ ——————————————————26

第2章　ねじ
2.1　ねじの形 ——————————————————30
2.2　ねじの用途 —————————————————33
2.3　ねじ山の種類とねじの表示法 —————————33
 2.3.1　三角ねじ　33
 2.3.2　メートル台形ねじ　36
2.4　締結用ねじ部品の種類 ————————————36
 2.4.1　六角ボルト・六角ナット・六角穴付きボルト　40
 2.4.2　ボルトによる部材の締結法　43
 2.4.3　小ねじ類および座金　45
2.5　ねじ部品の強度 ———————————————48

2.6 ねじの締め付け力と緩み対策 —————————————— 56
  2.6.1 ねじの締め付け力 56
  2.6.2 ねじの緩み対策 57
2.7 ねじの締め付け法 ————————————————————— 59
2.8 ねじ部品選択上の考慮事項 ————————————————— 60
2.9 送りねじの種類 —————————————————————— 61
  2.9.1 すべりねじ 61
  2.9.2 ボールねじ 64
  2.9.3 静圧ねじ 67

第3章 軸系要素
3.1 軸とは ——————————————————————————— 70
3.2 軸の種類 ————————————————————————— 70
3.3 軸の標準寸法と規格 ———————————————————— 71
3.4 軸の材料 ————————————————————————— 73
3.5 軸の設計 ————————————————————————— 75
  3.5.1 軸の許容応力による軸直径決定法 76
  3.5.2 変形量による軸直径決定法 77
  3.5.3 応力集中 78
  3.5.4 危険速度の算出 80
3.6 軸継手 ——————————————————————————— 81
  3.6.1 軸継手の種類 81
3.7 キー ———————————————————————————— 84

第4章 転がり軸受と転がり直動案内
4.1 軸受の種類と摩擦 ————————————————————— 90
4.2 転がり軸受の構造と種類 —————————————————— 90
  4.2.1 転がり軸受の構造 92
  4.2.2 転がり軸受形式の種類と選定 92
4.3 転がり軸受カタログの見方 ————————————————— 94
  4.3.1 カタログに表示されている項目 94

4.3.2　転がり軸受の精度　100
　4.4　転がり軸受の取り付け方 ―――――――――――――――――101
　　4.4.1　転がり軸受の配列　101
　　4.4.2　軸受のはめあい　103
　　4.4.3　軸受の内部すきま　104
　　4.4.4　軸受の予圧　105
　4.5　転がり軸受の潤滑法 ――――――――――――――――――106
　4.6　転がり軸受の材料 ―――――――――――――――――――107
　4.7　転がり直動案内 ――――――――――――――――――――111

第5章　すべり軸受とすべり案内

　5.1　すべり軸受の分類 ―――――――――――――――――――114
　5.2　潤滑状態の種類 ――――――――――――――――――――115
　5.3　すべり軸受の種類 ―――――――――――――――――――117
　　5.3.1　固体潤滑軸受（自己潤滑軸受）　117
　　5.3.2　境界・混合潤滑軸受　119
　　5.3.3　流体潤滑軸受　119
　5.4　すべり軸受の適用限界 ――――――――――――――――――126
　5.5　転がり軸受とすべり軸受との比較 ――――――――――――――128
　5.6　すべり案内 ――――――――――――――――――――――129

第6章　動力伝達要素

　6.1　動力伝達の方法 ――――――――――――――――――――134
　6.2　歯車の種類 ―――――――――――――――――――――― 135
　6.3　インボリュート歯車の基礎知識 ―――――――――――――――137
　　6.3.1　インボリュート曲線　137
　　6.3.2　平歯車のかみ合いと各部の名称　138
　　6.3.3　インボリュート歯車の特徴　142
　6.4　歯車の精度 ―――――――――――――――――――――― 146
　6.5　歯車のバックラッシ ―――――――――――――――――― 147
　6.6　転位歯車 ―――――――――――――――――――――― 148

6.7 歯車の強度 —————————————————— 150
- 6.7.1 歯車の材料　150
- 6.7.2 歯車の曲げ強度　151
- 6.7.3 歯車の面圧強度　153

6.8 歯車機構と速度比 —————————————— 154
- 6.8.1 1段歯車機構　154
- 6.8.2 2段歯車機構　154
- 6.8.3 遊星歯車機構　155
- 6.8.4 遊星歯車機構の種類と速度比　156

6.9 巻き掛け伝動 ————————————————— 157
- 6.9.1 平・Vベルト伝動　158
- 6.9.2 歯付きベルト　160
- 6.9.3 ベルトの取り付け誤差　160
- 6.9.4 Vベルトおよび歯付きベルトの選定法の手順　161

第7章　その他の機械要素

7.1 ばね ——————————————————————— 164
- 7.1.1 ばねの種類　164
- 7.1.2 ばねの材料　164
- 7.1.3 ばねを注文するための仕様書　167

7.2 シール ————————————————————— 167
- 7.2.1 オイルシール　168
- 7.2.2 パッキン　170
- 7.2.3 Oリング　171

第8章　製品を分解する

8.1 一軸送りテーブル（案内，ねじ，ばね）——————— 176
- 8.1.1 一軸送りテーブルの構成　177
- 8.1.2 テーブルとベースプレートの組立手順　182

8.2 インクジェットプリンタの機構（歯車，軸受，ベルト，ばね）—— 184
- 8.2.1 インクジェットプリンタの構成　184

8.2.2　締結要素　185
8.2.3　ヘッドの送り機構　186
8.2.4　ヘッドの上下移動機構　188
8.2.5　紙の送り機構　189

参考書　193

さくいん　194

```
──────── コラム ────────
ねじの緩みはおそろしい                          61
ボールねじの歴史                              68
金属疲労とは？                               88
レオナルド・ダ・ビンチの発想した転がり軸受は動くのか？   109
転動体と軌道面の接触状態はどうなっている？          112
Towerの実験                                131
歯車の効率はどのくらい？                       162
```

第1章
機械に関する基礎知識

機械は多数の機構から成り立っている。その機構は，ある共通な役割を果たす基本的な部品に分解することができる。この基本的な共通部品を総称して機械要素と呼ぶ。これらの機械要素の多くは寸法をはじめとして標準化されており，設計者はその中から，自分の求める仕様に合ったものを選択することになる。

1.1 機械の構成

「機械」という言葉を「広辞苑」で調べてみると,「外力に抵抗しうる物体の結合からなり,一定の相対運動をなし,外部から与えられたエネルギーを有効な仕事に変形するもの」と定義されている。この定義は,今の機械を表すには少々範囲が狭いようにも思うが,機械が「物体の結合からなる」ということは,今も変わりがない。機械を分解した経験を持つ読者は多いと思うが,機械が,いろいろな部品の組み合わせで成り立っていることに気づかれたと思う。

機械の構成を,自動車を例にとって少し専門的に整理してみると,図1.1に示すような構成になる。この図に示すように,自動車は,サスペンション,ステアリング,エンジン[1]など多数の機構から成り立っている。さらにこれらの機構を分解していくと,ある共通的な役割を果たす基本的な部品に分解することができる。この基本的な共通部品を総称して機械要素と呼ぶ。

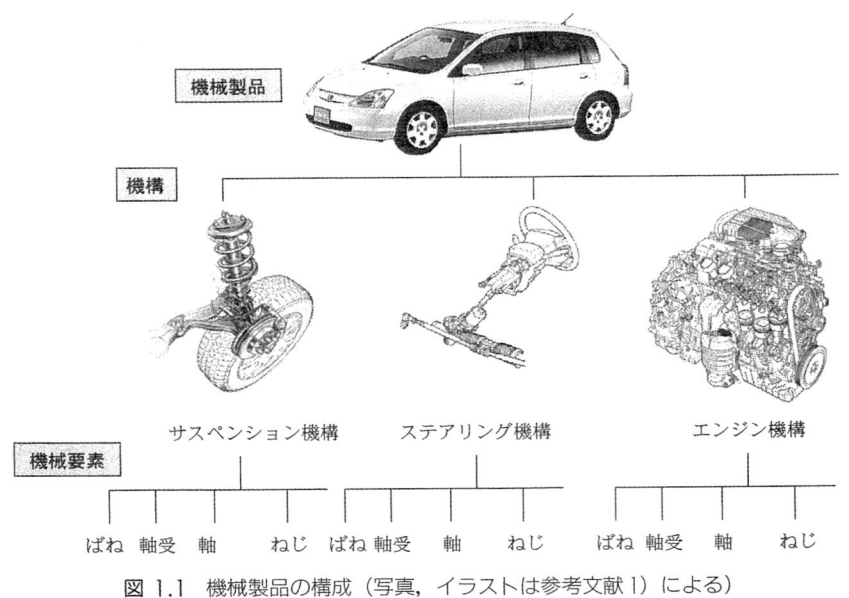

図 1.1 機械製品の構成（写真,イラストは参考文献1）による)

このように機械は，種々の機能を果たす機構，さらには機械要素の集まりといえる。機械設計者は，機械要素や機構の種類およびその役割，機能，使い方などを十分に理解することによって，はじめて機械製品を設計し製造できることになる。

1.2 機械要素の標準化と分類

機械要素は，上で述べてきたように，いろいろな機械を作るための基本となる部品であるが，機械を機械要素も含めて作ろうとすると，大変な時間と労力，価格がかかってしまう。したがって機械要素については，寸法や精度，材料，強度の規格が作られており，設計者は自分の仕様に合う機械要素を選べばよいようになっている。日本で作られたこのような規格のことを，日本工業規格（JIS規格：Japanese Industrial Standard）という。このJIS規格は，1995年以降，製品や部品のグローバル化に対応するために，国際的に制定されている規格である国際標準化機構規格（ISO規格：International Organization for Standardization）になるべく整合するような形で改訂され，規定されるようになってきた。

機械要素は，その役割にしたがっていくつかの種類に分けることができる。表1.1に，JISに制定されている機械要素の種類を示す。

① 締結要素：機械製品を作るためには，いくつかの部材や機構をつなぎ合わせて組み立てる必要がある。このようなつなぎ合わせに使用する要素を締結要素という。

② 軸および軸関連要素：機械を動かすためには，モータなどの原動機から動力を機械内に導入しなければならない。軸は，モータ軸のように回転によって動力を伝達するための要素である。また軸関連要素は，モータ軸と機械内の軸をつなぐなど動力を伝達する際に必要となる要素である。

③ 軸受・案内要素：機械は，さまざまな運動を行うように設計されているが，動く部分の運動が，スムースに一定の方向に行えるように案内する

表 1.1 JIS の機械部品類に規定されている機械要素の種類

機械要素の種類	機能説明	種類
締結要素および関連要素	複数の部材を固定し、つなぎ止めるための要素と締結の際に使用される関連要素	ねじ部品（ボルト，ナット，小ねじ），座金，溶接継手，リベット，ピン，止め輪
軸および軸関連要素	回転によって動力を伝達する要素，およびそれに関連する要素	軸，軸継手，キー，スプライン，セレーション
軸受・案内要素	軸を支持し，回転運動や直線運動を可能とする要素	転がり軸受，すべり軸受
動力伝達要素	動力を伝達するために使用される要素	ベルトとプーリ（Vベルト，歯付きベルト），チェーンとスプロケット，歯車，ボールねじ，クラッチ・ブレーキ
流体関連要素	流体を導いたり，貯蔵したり，密封したりする場合に使用される要素	管，管継手，弁，シール（オイルシール，Oリング），ガスケット，パッキン，圧力容器
その他		ばね

要素である。

④ 動力伝達要素：モータなどの原動機から取り入れた動力を，機械内の動く部分に伝達するための要素である。

⑤ 流体関連要素：機械の中には，建築用のクレーンなどのように油圧を用いて機械を動かすものがある。これらの機器では，高い圧力を持つ油を導くための配管関係の要素や油の漏れを防ぐための要素が使われる。流体関連要素は，このような油圧や空圧を利用した機器に使用される要素である。

表 1.2 機械に使用されるその他の要素

機械要素の種類	機能説明	種類
検出要素	一般に位置や圧力，変形などを検出し，制御などを行うために使用する要素	変位センサ，圧力センサ，リミットスイッチ，ひずみセンサ
原動機（アクチュエータ）	機械に動力を供給するための機構あるいは要素	電動モータ，空圧・油圧シリンダ，圧電素子，ボイスコイルモータ

機械要素としては，このほかにも**表1.2**に示すようなものが挙げられる。

⑥ 検出要素：最近の機械では，位置や圧力，変位などの状態量を検出し補正を施すことにより，性能を高める手法が多くとられている。検出要素は，このような状態量を検出する要素（センサ）である。

⑦ 動力供給機構・要素（アクチュエータ）：機械や機器を動かすためには，動力を供給する機構や要素が必要となる。電動モータなどは，要素というよりは機構と言った方がよいが，圧電素子などは動力供給要素といえる。圧電素子はセラミックス系材料で作られており，積層型の圧電素子（**図1.2**）では，高電圧（100 V〜数百 V）を加えることにより，数十 μm の変位を取り出すことができる。

本書では，ここに示したすべての機械要素について説明することはできないので，機械要素の中でも，重要と考えられているものについて述べることにする。

機械要素関係の規格は，おもに JIS の B 類に記載されており，たとえば JIS B ○○○○（規格番号）：1997 と書かれている。1997 は，1997 年に改訂された規格であることを示している。

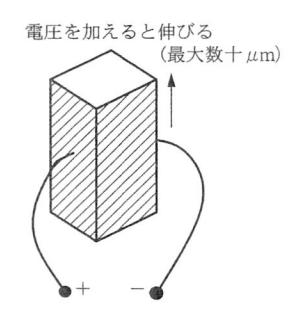

電圧を加えると伸びる
（最大数十 μm）

電圧を加える（最大入力電圧 100V 〜数百 V）

図 1.2　積層型圧電素子

1.3 機械要素材料の機械的性質と種類

1.3.1 材料の機械的性質と強度

　機械を動かしてある仕事をさせようとすると，機械の部材には必ず力が作用することになる。機械の部材に加わるおもな力には，図 1.3 に示すように引張り力，圧縮力，せん断力などがある。せん断力は部材の断面に沿って働く力であり，はさみはこの力を利用して物を切る道具である。機械要素は，このような力に対して十分な強さを持つことが必要である。具体的には，

① 要素部材が変形し，初期の形状から異なったものにならない。
② 要素部材が破断あるいは破壊しない。
③ 機械要素としての役割を十分に果たせる。

などが要求される。

　機械要素の多くは，鋼などの金属材料から作られているが，上記のような強さを機械要素に持たせるためには，外力に見合った材料や寸法の機械要素を選定しなければならない。

　いま，図 1.4 に示すような軟鋼（炭素をあまり多く含まない鋼）製の棒の上下方向に引張り力が加わった場合を考えると，棒は上下方向に伸びることにな

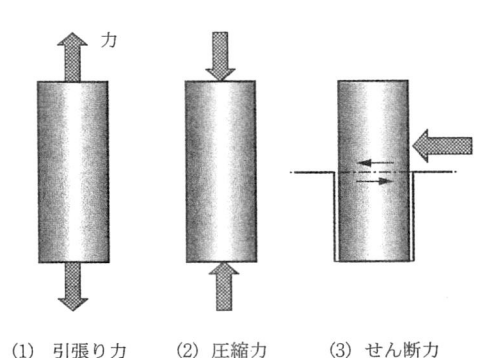

(1) 引張り力　(2) 圧縮力　(3) せん断力
図 1.3　力の種類

図 1.4 に示す。引張り力 F で Δl だけ伸びる
ひずみ $\varepsilon = \Delta l / l$
応力 $\sigma = F / \pi a^2$

断面積：πa^2

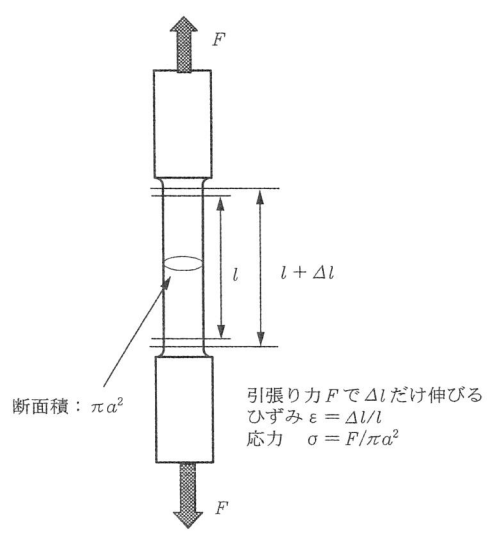

図 1.4 引張り試験

る。そのときの変形状態を図 1.5(a) に示す。横軸にはひずみ ε（単位長さあたりの変形量：棒の伸び量 Δl を長さ l で割った値）をとり，縦軸には応力 σ（単位面積あたりの荷重：棒に加えた荷重 F を棒の中央部の断面積 πa^2 で割った

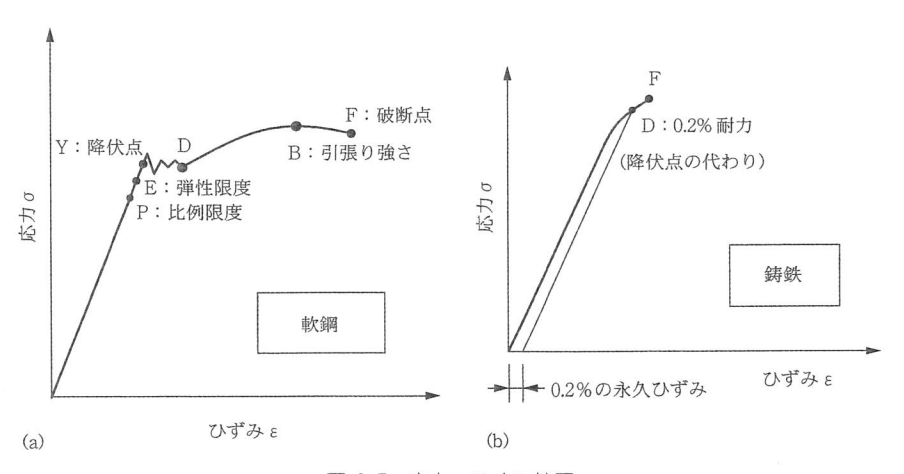

(a) 軟鋼
- Y：降伏点
- D
- E：弾性限度
- P：比例限度
- B：引張り強さ
- F：破断点

(b) 鋳鉄
- F
- D：0.2% 耐力（降伏点の代わり）
- 0.2% の永久ひずみ

図 1.5 応力―ひずみ線図

値）をとっている。

　棒を引張る力を零から徐々に増していくと，ひずみは応力に比例して大きくなり，P点に到達する。P点は比例限度といい，応力とひずみが比例している範囲を示す。この範囲では $\sigma = E\varepsilon$ という関係が成り立ち，E を縦弾性係数という。さらに応力を増加させるとE点に到達するが，E点は弾性限度と呼ばれる。E点以下の応力であれば，引張り力をなくした場合，ひずみは零になる。このような材料の変形を弾性変形という。P点とE点の間の応力―ひずみの関係は，必ずしも比例関係にはない。応力がY点に到達すると，引張り力（応力）を増加させなくてもひずみが増加し，ひずみはD点まで大きくなる。このような応力を降伏点（降伏応力）という。

　D点からさらに棒の引張り力を増していくと，ひずみは急激に増していき，最大応力B点を示した後，F点で破断する。B点で示された最大応力を引張り強さといい，材料の強さを示す目安の値となっている。また，D点以降の材料の変形形態を塑性変形という。塑性変形領域で，応力を零にしても形状は元の状態には戻らず，材料には永久変形が残る。

　図1.5(b)に，炭素量が多い鋳鉄などの鋼の応力―ひずみ線図を示した。これらの金属では，応力を徐々に増していくと比例限度を越えてしばらくすると破断する。軟鋼とは異なり，降伏点が明確に現れないのが一般的である。したがってこれらの金属では，応力を除去した後の永久ひずみが0.2％となるような応力を降伏応力と見なし，このような応力を耐力と呼ぶ。アルミニウムや銅などの非鉄金属でも，降伏点は明確ではないので，耐力を用いる。

1.3.2　機械要素材料の種類

　機械要素の材料としては，**表1.3**に示すように鉄鋼材や合金鋼などの鉄系の材料が一般には使用されるが，軽量化が必要な箇所にはアルミニウム合金などの非鉄金属が使用される。

（1）　鋼材

　一般構造用鋼圧延材はSS ○○○と表示される。たとえばSS 400と表示し，

表 1.3　おもな機械要素材料の種類

機械要素材料		記号	引張り強さ [MPa]
鋼および合金鋼	一般構造用圧延鋼	SS 330	333～341
		SS 400	402～510
	構造用炭素鋼（炭素含有量が0.1～0.6％の鋼）	S 15 C	373 以上
		S 25 C	441 以上
		S 35 C（焼入れ焼戻し）	569 以上
		S 45 C（焼入れ焼戻し）	686 以上
		S 55 C（焼入れ焼戻し）	785 以上
	構造用合金鋼	SNC 236～836（ニッケルクロム鋼）	735～931
		SNCM 220～815（ニッケルクロムモリブデン鋼）	931～1078
		SCr 415～445（クロム鋼）	882～980
		SCM 415～445（クロムモリブデン鋼）	784～1029
	ステンレス鋼	SUS 304，SUS 316（オーステナイト系：非磁性）	480～550
		SUS 420 J 2, SUS 440 C, SUS 410（マルテンサイト系：磁性）	540～780
非鉄金属	伸銅品（板，管，棒など伸ばして加工された材料）	黄銅（銅と亜鉛の合金）C 2600，C 2800	350～370
		青銅（銅，錫，リンの合金）C 5210	420～765
	アルミニウム合金展伸材	A 1100（純アルミ系：99％以上のアルミニウム）	90～170
		A 2014，A 2017，A 2024（Al-Cu 系）	190～520
		A 7075（Al-Zn-Mg 系：航空機用）	230～505

　この場合の数値「400」は引張り強さを表しており，引張り強さ 400 N/mm^2 の材料であることを示している。SS 材に含まれる炭素量は一般に少なく，特に表示しない。

　炭素鋼は，たとえば S 45 C などと表し，数値「45」は，鋼に含まれる炭素量

の平均値を示している。S 45 C の場合，0.42％～0.48％ の炭素を含むことを示している。炭素量が増すにつれ，引張り強さは向上するが，衝撃値は低下する。衝撃値は，材料のねばさ（靱性：ジンセイ）を示す値であり，衝撃値が小さいほど脆い材料であることを示す。

クロム鋼（SCr），クロムモリブデン鋼（SCM），ニッケルクロムモリブデン鋼（SNCM）などは合金鋼と呼ばれ，鋼の強さを増すために炭素のほかに金属元素を混入した鋼である。これらの合金鋼における数値も，含まれる炭素量を示している。これらの鋼材を用いる場合は，機械加工後，焼入れ，焼戻しなどの熱処理を行い，引張り強さや硬度を高めて使用する。よって合金鋼は，変動荷重や衝撃荷重が加わる要素に使用される。

（2）　非鉄金属

機械要素には，鋼材以外にも，銅合金やアルミニウム合金などが数多く使用される。銅合金には，銅60％，亜鉛40％ の合金（黄銅）と，銅と錫の合金（青銅）がある。加工性，耐食性，熱の伝導性，電気の導電性などに優れるので，電気機器部品，機械部品に広く使用されている。アルミニウム合金としては，アルミニウムと銅の合金（ジュラルミン）が代表的であるが，軽いうえに引張り強度も高いので，新幹線の車両など種々の機器部品に使われている。

1.4　機械要素に加わる力と疲れ寿命

図 1.5(a)，(b) には，丸棒に引張り力を加え，その値を徐々に増していった場合の応力とひずみの関係を示したが，このような力が作用している場合には，引張り強さ以下であれば，丸棒が破断することはない。しかし，実際の機械では，徐々に変化するような力が加わる場合は少なく，時間的に変動する力が加わるのが一般的である。時間的に変動する力が材料に加わった場合，材料は引張り強さに比較してはるかに小さい値で破断することがある。このような現象を疲労破壊という。

材料に図 1.6 に示すような時間的に変動する力が加わるとき，加わる最大応

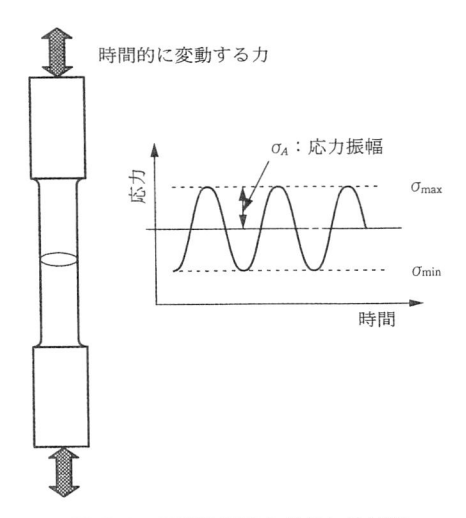

図 1.6　引張り変動力が加わる材料

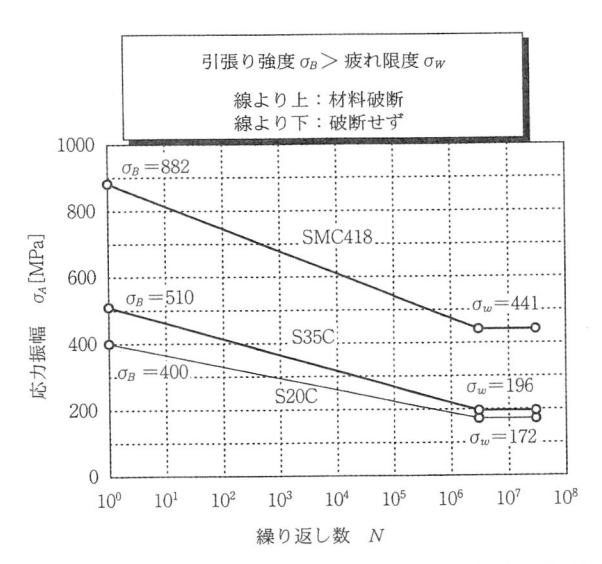

図 1.7　変動力の繰り返し数（N）と応力振幅（σ_A）の関係（S-N 曲線）[2]

力を $\sigma_{\max}$，最小応力を $\sigma_{\min}$ とすると，その応力振幅は，

$$\sigma_A = (\sigma_{\max} - \sigma_{\min})/2 \tag{1.1}$$

となる。**図1.7**には，材料を鉄鋼材料とし回転曲げで繰り返し応力を与えた場合に，応力振幅 σ_A と応力の繰り返し回数 N の関係を示した[2]。このような関係曲線を S-N 曲線という。繰り返し数 $N = 10^0 = 1$ 回では，引張り強さ σ_B にほぼ相当する応力で破断するが，繰り返し数を増していくにつれ，破断する応力振幅値は減少していく。しかし σ_A の値をある一定の値以下まで小さくすると，無限回数の繰り返し応力が与えられても材料は破断することがなくなる。このような応力を疲労限度 σ_w という。疲労限度は，引張り強さの値に比べ半分以下の値であり，機械要素の強さを決める重要な値となっている。

1.5　許容応力と安全率

　機械には種々の外力が働くが，機械要素には，これらの力が加わった場合でもその機能を十分に果たすことが要求される。そこで設計においては通常安全性を考えて要素内に生ずる応力をある値以下に抑えるようにしており，この応力を許容応力という。

　機械要素がその機能を果たせなくなる限界の応力としては，静荷重が作用する場合には弾性限界応力や降伏応力があり，動荷重が作用する場合には疲労限度がある。このような応力を材料の基準強さといい，許容応力と材料の基準強さとの比を安全率という。したがって安全率は，以下の式のように定義される。

$$\text{安全率 } f_A = (\text{材料の基準強さ } \sigma_Y \text{ あるいは } \sigma_w)/(\text{許容応力 } \sigma_A) \tag{1.2}$$

　安全率は，材料の種類，材料の寸法や形状，材料の表面粗さや使用環境などによって影響され，設計者の経験によって決定されることが多い。このような影響を考慮した安全率の式はいくつか提案されており[2]（28頁参照），ある程度正確に安全率を見積もりたい場合には，この式に基づき算出するとよい。もう少し簡単な安全率の見積もり法としては，アンウィンが経験的に設定した安全率があり，**表1.4**にその値を示す。この場合の材料の基準強さは，降伏点を用いている。

表 1.4 アンウィンの安全率 f_A

材料	静荷重	重荷重		衝撃荷重
		片振り	両振り	
鋼	3	5	8	10
鋳鉄	4	6	10	15

　最近ではコストの関係から，安全率をなるべく小さく設定する傾向があるが，この場合には，発生する応力や使用材料の基準強さなどについて十分な資料を準備して慎重に検討する必要がある。

1.6　はめあいと寸法公差

1.6.1　はめあいの種類

　機械が種々の機械要素の組み合わせから成り立っていることはすでに述べたが，はめあいとは，軸を穴に差し込む際の軸と穴とがはまり合う状態をいう。穴に差し込んだ軸が回るようにするためには，軸と穴の間にすきまがなくてはならないので，このようなはめあいをすきまばめという。また軸を固く穴に固定するためには，軸と穴の間にすきまがあってはならず，むしろ穴の径の方が小さく，しめしろがある方がよい。これをしまりばめという。これら2つのはめあいの中間で，穴と軸の径がほとんど等しいようなはめあいを中間ばめとい

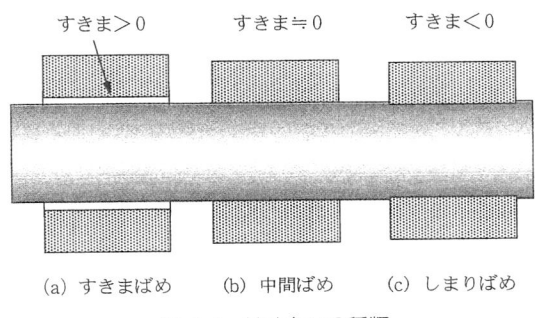

すきま＞0　　すきま≒0　　すきま＜0

(a) すきまばめ　　(b) 中間ばめ　　(c) しまりばめ

図 1.8　はめあいの種類

う。中間ばめは，取り外しが必要な箇所や軸の運動に精度が要求される箇所のはめ合いに使う（図1.8参照）。

1.6.2　はめあいの種類と寸法公差（JIS B 0401-1：1998）

軸と穴のはめあいを表示するために，JIS B 0401-1 には，基準寸法に対する公差域の位置と寸法許容差が，図1.9に示すような形で規定されている。軸と穴の公差域の位置はアルファベットを用いて表され，軸に対してはアルファベットの小文字を，穴に対しては大文字用いる。公差域とは，基準線に対して定まる上と下の寸法許容差の間の領域をいい，その大きさを寸法公差と呼ぶ。

軸の場合，公差域の位置 a～g は基準寸法より軸径が小さい軸（すきまあり）を示し，n～zc は基準寸法より大きい軸（締めしろあり）を示す。h, j, k, m は，基準寸法とほぼ同様の軸径を持つ軸を示す。

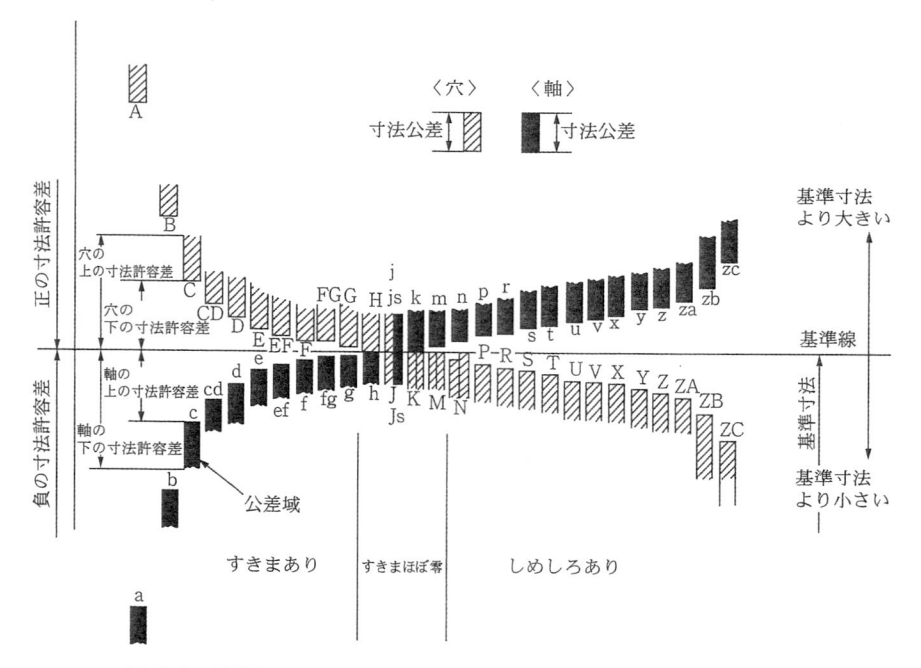

図1.9　基礎となる寸法許容差の公差域の位置と記号（JIS B 0401-1）

表 1.5　基準寸法に対する公差等級 IT の数値例（JIS B 0401-1）

基準寸法 mm		公差等級																	
		IT1[2]	IT2[2]	IT3[2]	IT4[2]	IT5[2]	IT6	IT7	IT8	IT9	IT10	IT11	IT12	IT13	IT14[3]	IT15[3]	IT16[3]	IT17[3]	IT18[3]
を超え	以下	公差																	
		μm											mm						
—	3[3]	0.8	1.2	2	3	4	6	10	14	25	40	60	0.1	0.14	0.25	0.4	0.6	1	1.4
3	6	1	1.5	2.5	4	5	8	12	18	30	48	75	0.12	0.18	0.3	0.48	0.75	1.2	1.8
6	10	1	1.5	2.5	4	6	9	15	22	36	58	90	0.15	0.22	0.36	0.58	0.9	1.5	2.2
10	18	1.2	2	3	5	8	11	18	27	43	70	110	0.18	0.27	0.43	0.7	1.1	1.8	2.7
18	30	1.5	2.5	4	6	9	13	21	33	52	84	130	0.21	0.33	0.52	0.84	1.3	2.1	3.3
30	50	1.5	2.5	4	7	11	16	25	39	62	100	160	0.25	0.39	0.62	1	1.6	2.5	3.9
50	80	2	3	5	8	13	19	30	46	74	120	190	0.3	0.46	0.74	1.2	1.9	3	4.6
80	120	2.5	4	6	10	15	22	35	54	87	140	220	0.35	0.54	0.87	1.4	2.2	3.5	5.4

1) 500 mm 以下の基準寸法に対応する公差等級 IT 01 及び IT 0 の数値は，表 5 に示す。
2) 500 mm を超える基準寸法に対応する公差等級 IT 1～IT 5 の数値は，試験的使用のために含める。
3) 公差等級 IT 14～IT 18 は，1 mm 以下の基準寸法に対しては使用しない。

穴の場合は，軸の場合とは反対に，A～G の文字は，実際の穴寸法が基準寸法より大きい穴（すきまあり）を示し，N～ZC の文字は基準寸法より小さい穴を示す。

（1） 寸法公差

はめあいの寸法公差は，公差等級に従って決められており，公差等級としてIT 0, IT 01, IT 1～IT 18 までの 20 等級が規定されている。ただし，IT 0, IT 01 はあまり使用されない。**表 1.5**（前頁）に公差等級の数値の一例を示す。表中の数値は，許容される寸法範囲を示しており，等級の数値が小さいほど許容範囲が狭いことを意味する。また基準寸法（軸の直径や穴の内径など）が小さくなるほど，同じ公差等級でも数値が小さくなっている。つまり基準寸法が小さくなるにつれ，許容される寸法範囲が狭くなることを意味する。

はめあいを表すためには，図 1.9 に示した公差域の位置と公差等級を用いて表す寸法公差記号が用いられる。軸の寸法公差記号はたとえば h 7 と表すが，これは公差域の位置が h（上の寸法許容差が零）で公差等級が IT 7 であることを示している。いま軸の直径(基準寸法)を 30 mm とすると，公差付き寸法は $\phi 30$

〈穴基準〉　　　　　　　　　〈軸基準〉

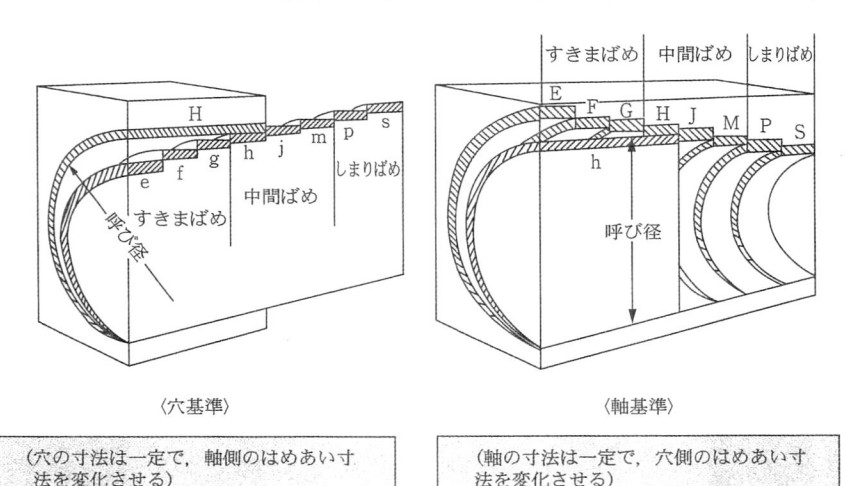

（穴の寸法は一定で，軸側のはめあい寸法を変化させる）　　（軸の寸法は一定で，穴側のはめあい寸法を変化させる）

図 1.10　穴基準，軸基準のはめあい

h7という形式で表し，IT7の数値が21μm（表1.5参照）であることから，φ30$_{-0.021}^{\ 0}$（軸寸法は，－0.021 ～ 0 の範囲内にあること）を意味する。穴の場合の寸法公差記号はH8などと表わす。

(2) 軸と穴の組み合わせ

軸と穴を組み合わす場合，図1.10に示すように，穴を基準として各種の軸を組み合わす穴基準方式と，軸を基準として各種の穴を組み合わす軸基準方式が

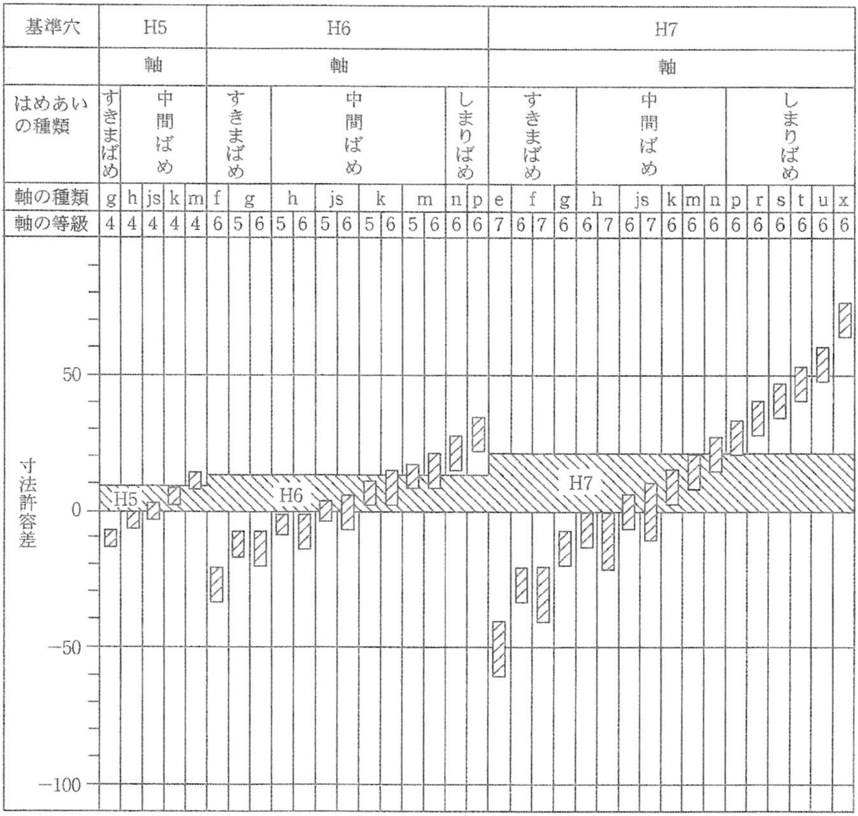

図 1.11 直径30 mm の穴を基準とした場合の軸の寸法公差記号と寸法公差 (JIS B 0401-2)

ある。図1.11には，30 mm の穴寸法を基準とした場合のはめあいの種類に対応した軸の寸法公差記号と公差寸法の一例を示す。たとえば基準とする穴のはめあいを H 7 とすると，軸側の公差域が h～n であれば中間ばめになるが，H 6 では h～m が中間ばめの領域となる。また穴の公差等級を高くした場合には，軸の公差等級もそれに合わせて高くとらなければならない。つまり物を組み立てるためには，精度等級を合わせることが必要となる。

1.7　表面粗さ (JIS B 0601 : 2001)

　機械要素は，機械的な加工によって製作されるが，その表面を拡大してみると，必ずしも平滑なものではなく，凸凹が存在する。表面粗さはこの凸凹の大きさを表す尺度として使用され，図1.12に示すような表面粗さ計を用いて測定することができる。

　表面粗さ計を用いて部材表面を測定すると，図1.13に示すように，部材表面をある平面で切ったときの断面曲線が得られる。表面粗さは，断面曲線から長波長成分を遮断して得た曲線（輪郭曲線）をいう。

　機械要素の表面粗さは，その使用目的によって粗いままでよい場合もあるし，

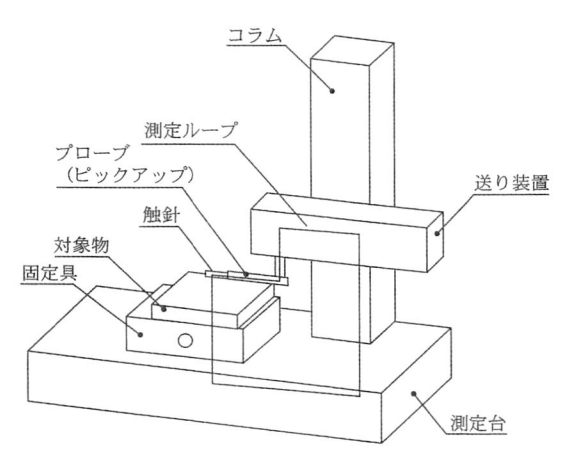

図 1.12　触針式表面粗さ測定機

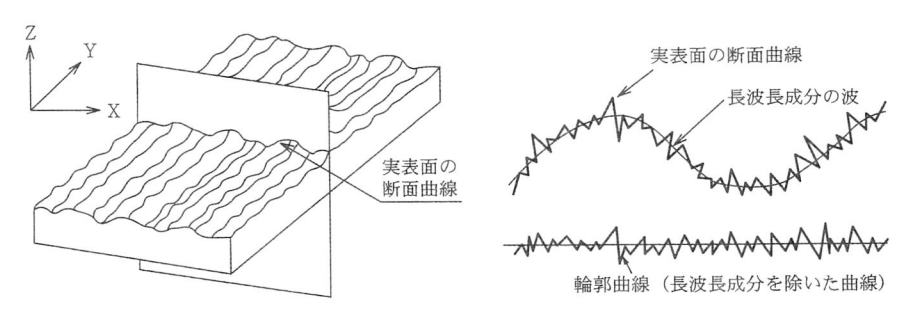

図 1.13 実表面の断面曲線と輪郭曲線

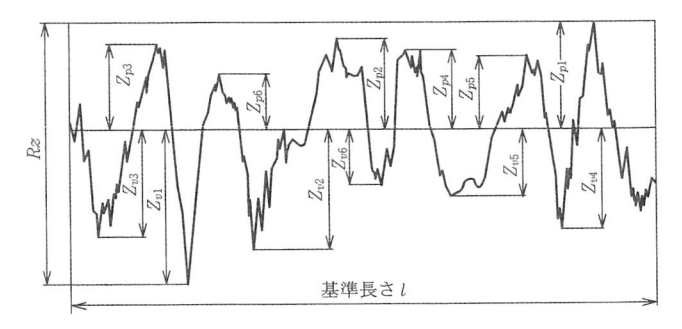

図 1.14 輪郭曲線の最大高さ（粗さ曲線の例）

きわめて粗さを小さくしなければならない場合もある。一般には，高い寸法精度が要求されるような場合には，表面粗さも小さくしなければならない。

表面粗さは，JIS B 0601：2001 に規定されているが，そのうち 3 種類の表面粗さについて，ここでは紹介する。

① 最大高さ粗さ（Rz）：図 1.14 に示すように，基準長さ l における輪郭曲線の山高さ Z_p の最大値と谷深さ Z_v の最大値との和で表される（2001年以前では，R_{max}，R_y などの記号が用いられていた）。

② 算術平均粗さ（Ra）：基準長さ l における輪郭曲線 $Z(x)$ の絶対値の平均値で与えられる。よって式としては，

$$R_a = \frac{1}{l}\int_0^l |Z(x)|\,dx \tag{1.3}$$

③ 十点平均粗さ (Rz_{JIS})：基準長さ l において，もっとも高い山高さから5番目までの山高さと，もっとも深い谷深さから5番目までの谷深さの絶対値の和をとり平均した値である。

$$Rz_{JIS} = \frac{1}{5} \sum_{n=1}^{5} (Z_{pn} + Z_{vn}) \tag{1.4}$$

日本では，広く使用されていた粗さパラメータであったが，1997年にISOから，2001年にJISから削除された。しかし付属書に参考として残されている。

参考文献

1) 本田技研工業・技術資料
2) 和田稲苗編著：機械要素設計，図1.4，p.10，実教出版

安全率の式

静荷重が作用する場合と繰り返し荷重が作用する場合について，以下のような安全率の式が提案されている。

- 静荷重が作用する場合（基準強さを降伏点とする）

    f_A(安全率) $= \alpha \times f_L \times f_M \times f_E$

- 繰り返し荷重が作用する場合（基準強さを引張り強さとする）

    $f_A = \beta \times f_L \times f_M \times f_E \times f_S \times f_R$

ここで，

f_L：荷重係数（負荷荷重の値が明確な場合＝1.1，通常1.5～2.0）

f_M：材料係数（疲れ限度のばらつきから，1.0～1.2に設定）

f_E：環境係数（使用する環境に腐食促進作用などが無く良好であれば1.0）

f_S：寸法効果係数（寸法によって疲労限度は異なる。断面直径10 mmの場合，1.0，50 mm：1.05～1.10，100 mm：1.07～1.12）

f_R：表面効果係数（表面粗さが疲労限度に影響。焼き鈍し鋼の場合，Rz 4 μm以下で：1.0，Rz 10 μm：1.02～1.07，Rz 50 μm：1.1～1.17）

α：応力集中係数

β：切り欠き係数 $= 1 + (\alpha - 1)q$（q：切り欠き感度係数＜1.0，切り欠き部の丸みに関係し，丸みが小さいほど値は小さくなる。丸み1 mm：$q = 0.6$～0.9）

第2章
ねじ

ねじは部材同士を締結する重要な役割を果たしている。ねじが破損することによって機械が動かなくなったり，重大な事故につながる場合があるから，その使い方を十分に理解しておかねばならない。

また，締結用のほかに，ねじの回転運動を直線運動に換えることによりテーブルを移動させる送り用ねじがある。

2.1 ねじの形

「ねじ」は，家具や家電品など，我々の身の回りで目にすることの多い機械要素であり，ねじがどのような形をしているか説明できない人は，おそらく少ないと思う。しかし，使用されているねじが，どのような設計基準に基づいて選定されているかを説明できる人は少ないのではないだろうか。われわれの日常の生活では，ねじが破損してもあまり大したことにはならないが，機械製品に使われているねじは，部材同士を締結する重要な役割を果たしていることが多い。したがって，ねじが破損することによって機械が動かなくなったり，部品が脱落し，大きな事故を引き起こしたりすることもありうる。したがって，ねじであっても，それを機械製品に使う場合には，その使い方を十分理解しておくことが大切である。本章では，ねじの種類や使用箇所，選定法などについて，易しく説明する。

図2.1のような直径 d_2 の円筒に，その一辺が円筒の円周長さ πd_2 に等しい一辺の角度が β の直角三角形を巻き付けると，三角形の斜辺は円筒面上に螺旋（つる巻線）を形作る。ねじは，このつる巻線に沿って三角形や台形などの溝を付けたものである。β をリード角，γ をねじれ角，L をリードという。

図2.2に実際の三角ねじの形状と各部の名称を示す。図に示すように，ねじには，おねじとめねじがあり，これらを組み合わせることで，ねじはその役割を果たせるようになっている。いうまでもなく，おねじとめねじは，それらのねじ各部の形状や寸法が同じでないと両者をかみ合わせることはできない。ねじ山から次のねじ山までの距離をピッチ（記号 P）といい，おねじかめねじのどちらかを固定し，他方を1回転させたときに軸方向に進む距離をリード（記号 L）という。ねじは，大きさによって呼び方を区別するが，おねじの場合は外径を，めねじの場合は谷径を，ねじを呼ぶ場合の代表長さ（呼び径）として使用している。図2.2中に有効径とあるが，これは，おねじのねじ山とめねじのねじ溝の軸方向の幅が同じになるような仮想的な円筒の直径である。

第2章◆ね　　じ

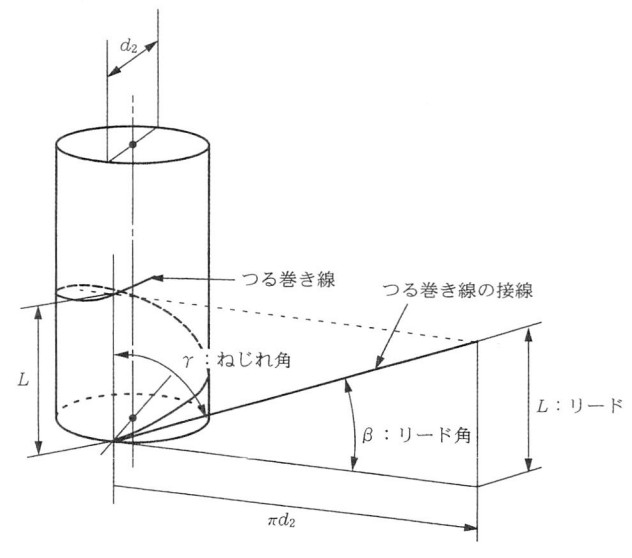

図 2.1　ねじの形状

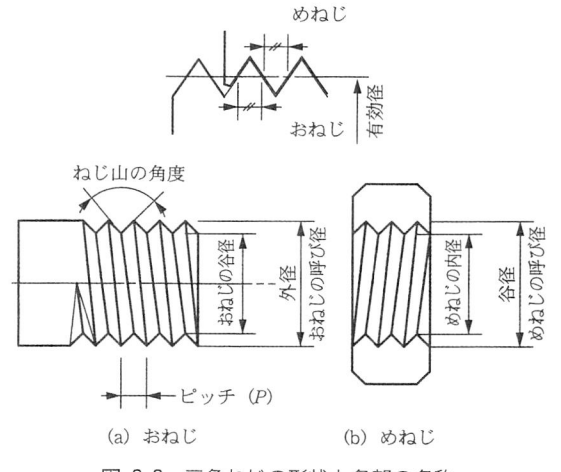

図 2.2　三角ねじの形状と各部の名称

ねじには，図 2.3 に示すように，1本のひもを円筒に巻き付けたようにねじ山が切られた一条ねじ，2本あるいは3本のひもを巻き付けたようにねじ溝が切

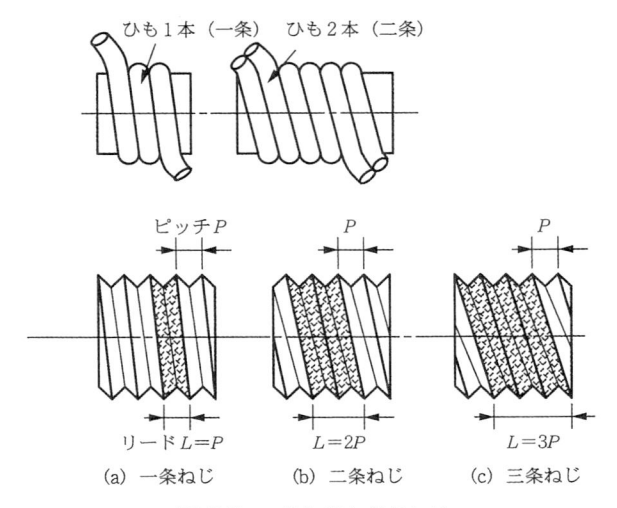

図 2.3　一条ねじと多条ねじ

(a) 一条ねじ　リード L=P
(b) 二条ねじ　L=2P
(c) 三条ねじ　L=3P

ひも1本（一条）　ひも2本（二条）

ピッチ P

られた二条ねじ，三条ねじ（二条ねじ以上を総じて多条ねじという）などがある。一条ねじではピッチとリードは同じ値であるのに対し，二条ねじではリードはピッチの2倍の値となり，1回転で一条ねじの2倍の距離を送ることができる。

またねじには，図 2.4 に示すように，右ねじと左ねじがある。めねじを固定し，おねじを時計方向に回転（右回り）させた場合，めねじの中に入っていくねじを右ねじという。逆に反時計回りに回転（左回り）させるとめねじの中に入っていくねじを，左ねじという。しかし通常，ねじは右ねじなので，右ねじについては，「右」を付けずに「ねじ」と呼んでいる。左ねじは，回転軸などに取り付けられるねじで，右ねじではねじが緩む方向（左回り）に力を受ける特殊な箇所に使われる。

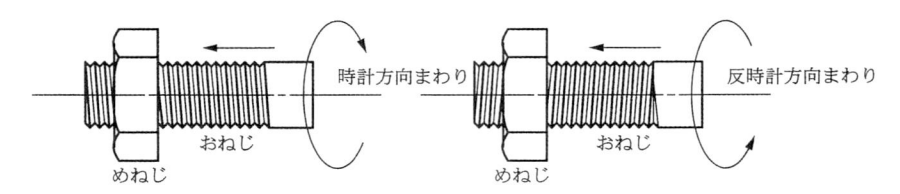

図 2.4　右ねじと左ねじ

めねじ　おねじ　時計方向まわり
めねじ　おねじ　反時計方向まわり

2.2 ねじの用途

ねじは，おねじとめねじを組み合わせることにより，おもに図 2.5 に示すような 3 つの用途に使われることが多い。

① 締結用ねじ：ねじ山に生ずる摩擦を利用することによって，複数の部品をつなぎ合わせ，固定するために使用されるねじであり，ボルトやナット，管（くだ）用ねじなどがある。
② 送り用ねじ：ねじの回転運動を直線運動に変えることによって，テーブルなどを移動させるために使用されるねじであり，すべりねじやボールねじなどがある。
③ 力伝達用ねじ：軸方向に大きな力を生じさせ，伝達するために使用するねじであり，ジャッキや万力，プレス機械に使用される。

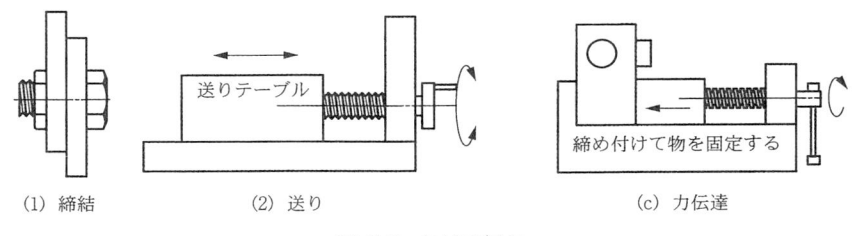

(1) 締結　　　(2) 送り　　　(c) 力伝達

図 2.5　ねじの働き

2.3　ねじ山の種類とねじの表示法

ねじ山には，図 2.6 に示すような種類がある。

2.3.1　三角ねじ

ねじ山の角度が 60°の二等辺三角形のねじであり，締結用ねじとして広く使用されている。

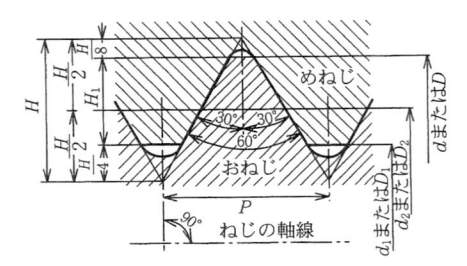

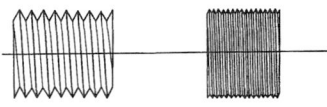

基準寸法の算出に用いる公式は，次による。
$H = 0.866025P$　　$d_2 = d - 0.649519P$　　$D = d$
$H_1 = 0.541266P$　　$d_1 = d - 1.082532P$　　$D_2 = d_2$
　　　　　　　　　　　　　　　　　　　$D_1 = d_1$

(a) 三角ねじ（メートルねじ，ユニファイねじ）（JIS B 0205 - 1 : 2001）

テーパおねじおよびテーパめねじに対して適用する基準山形

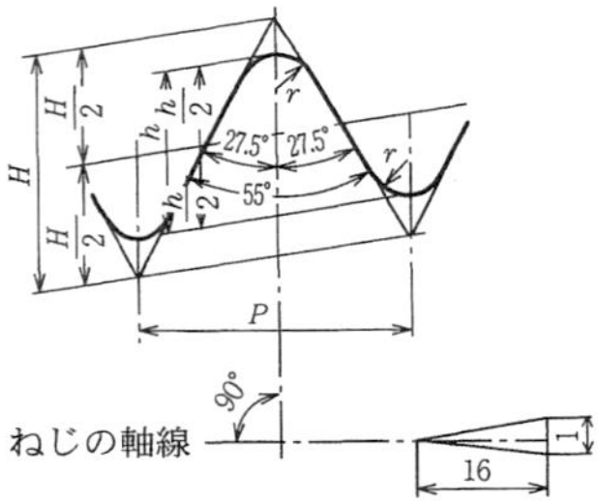

$P = \dfrac{25.4}{n}$
$H = 0.960\,237\,P$
$h = 0.640\,327\,P$
$r = 0.137\,278\,P$

太い実線は，基準山形を示す。

平行めねじに対して適用する基準山形

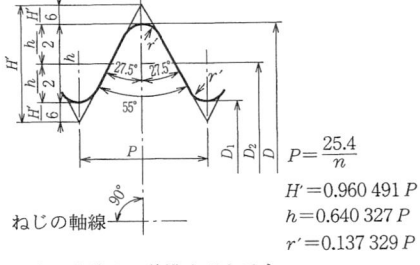

$P = \dfrac{25.4}{n}$
$H' = 0.960\,491\,P$
$h = 0.640\,327\,P$
$r' = 0.137\,329\,P$

太い実線は，基準山形を示す。

(b) 管用ねじ（JIS B 0202, B0203）

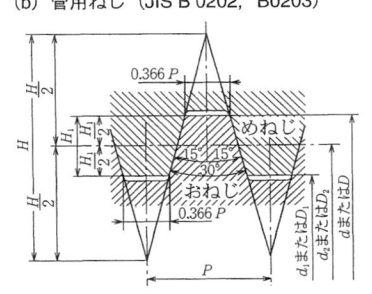

メートル台形ねじの基準寸法の算出に用いる公式は，次による。
$H = 1.866\,P$　　$d_2 = d - 0.5\,P$　　$D = d$
$H_1 = 0.5\,P$　　$d_1 = d - P$　　　　$D_2 = d_2$
　　　　　　　　　　　　　　　　　　$D_1 = d_1$

(c) 台形ねじ（JIS B 0216）

図 2.6　ねじ山の種類

(1) 一般用メートルねじ

メートルねじは，各部の長さをミリメートル単位で表したねじであり，並目（なみめ）ねじとそれに比べてピッチを細かくした細目（ほそめ）ねじがある。並目ねじは，一般締結用ねじとして用いられ，JIS B 0205-2 に呼び径（おねじの外径，めねじの谷径）1～68 mm までの規格が制定されている。細目ねじは，並目ねじに比べゆるみにくいので，ゆるみが問題になる箇所や振動部分，薄肉部品の締結，精密調整用などに用いられ，呼び径 1～300 mm までの規格が制定されている。

メートルねじにおいて，呼び径が 0.3～1.4 mm の小さいねじについては，ミニチュアねじとして，JIS B 0201 に規定されている。これは，光学機器や計測機器用に使用される。

(2) ユニファイねじ

ユニファイねじは，ねじ山の形状はメートルねじと同じであるが，インチ単位で寸法などが決められており，アメリカ，カナダ，イギリスが中心となって規格化されたねじである。このねじのピッチは，1インチ（25.4 mm）あたりのねじ山の数で表される。ユニファイねじにも，並目と細目ねじがあるが，用途としては，航空機用に限られている。

(3) 管（くだ）用ねじ

管用ねじは，管，管用部品，流体機械などの接続箇所において管をつなぎ合わせるために用いられる。つなぎ合わせる箇所の管の強度を維持するために，ねじ山の高さは低く，ピッチも小さく定められている。管用ねじのねじ山の角度は 55° であり，インチ単位で寸法が決められている。ピッチはユニファイねじと同様，1インチあたりのねじ山の数で与えられる。

管用ねじには，管内を流れる流体が漏れないように締結部の密封性に重点を置いたテーパねじと，構造用鋼管を接合するなど単に機械的な接合を行うための平行ねじがある。

2.3.2 メートル台形ねじ

メートル台形ねじは，三角ねじに比べて摩擦が小さいことから，ねじの回転運動を直線運動に変換し，物体を直線的に移動させる送りねじや軸方向に大きな力を生じさせる機器に使用されることが多い。台形ねじのねじ山の角度は，30°となっている。

2.4 締結用ねじ部品の種類

ボルトやナットなどねじ山を持った機械部品をねじ部品といい，寸法や形状の異なる数多くの種類がJISによって規格化され，市販されている。

(1) ねじ部品の材料

おもに鋼，ステンレス鋼，合金鋼，非鉄金属（黄銅）であるが，アルミニウム，チタン，プラスチックなどもあり，用途によって使い分けられる。

(2) 部品等級

一般用のねじ部品（呼び径1.6～150 mm）は，軸部や座面などの寸法精度に応じて精度の高いものから，A，B，Cの3段階の部品等級が規定されている（JIS B 1021-1985）。また呼び径（1～3 mm）の小さいねじには，部品等級Fが精巧機器用として規定されている。

(3) ねじ部品のサイズ規格

JIS B 0205-3には，ねじ部品用に選択されたサイズ(呼び径とピッチの関係)が規定されているので，設計者は設計仕様に合った寸法，形状の規格品の中から選べばよいことになっている。表2.1に，ねじ用部品のサイズの一例を示す。表中の第1選択とあるのは，特に支障がなければ，この欄の呼び径の中から呼び径を選ぶことが望ましいという意味である。

表 2.1 ねじ用部品のサイズ（JIS B 0205-3：2001）

おねじ，めねじの呼び径 D, d		ピッチ P		
第1選択	第2選択	並目	細目	
1		0.25		
1.2		0.25		
	1.4	0.3		
1.6		0.35		
	1.8	0.35		
2		0.4		
2.5		0.45		
3		0.5		
	3.5	0.6		
4		0.7		
5		0.8		
6		1		
	7	1		
8		1.25	1	
10		1.5	1.25	1
12		1.75	1.5	1.25
	14	2	1.5	
16		2	1.5	
	18	2.5	2	1.5
20		2.5	2	1.5
	22	2.5	2	1.5
24		3	2	
	27	3	2	
30		3.5	2	
	33	3.5	2	
36		4	3	
	39	4	3	
42		4.5	3	
	45	4.5	3	
48		5	3	
	52	5	4	
56		5.5	4	
	60	5.5	4	
64		6	4	

（4） 種類による表し方

ねじを表す場合には，決められた表し方がJISに規定されている。**表2.2**に，ねじの種類に対応した記号と各部の寸法などの表し方を示す。表に示されるようにねじの表し方は，

| ねじの種類を表す記号 |　| ねじの呼び径を表す数 | × | ピッチ |

（並目ねじの場合省略可）

表2.2 ねじの種類を表す記号およびねじの呼びの表し方の例（JIS B 0123：1999）

区分	ねじの種類		ねじの種類を表す記号	ねじの呼びの表し方の例	引用規格
ピッチをmmで表すねじ	メートル並目ねじ		M	M 8	JIS B 0205
	メートル細目ねじ			M 8×1	JIS B 0207
	ミニチュアねじ		S	S 0.5	JIS B 0201
	メートル台形ねじ		Tr	Tr 10×2	JIS B 0216
ピッチを山数で表すねじ	管用テーパねじ	テーパおねじ	R	R ¾	JIS B 0203
		テーパめねじ	Rc	Rc ¾	
		平行めねじ	Rp	Rp ¾	
	管用平行ねじ		G	G ½	JIS B 0202
	ユニファイ並目ねじ		UNC	⅜-16 UNC	JIS B 0206
	ユニファイ細目ねじ		UNF	No.8-36 UNF	JIS B 0208

表2.3 ねじの等級の表し方

区分	ねじの種類		ねじの等級の表し方の例	
ピッチをmmで表すねじ	メートルねじ	めねじ	有効径と内径の等級が同じ場合　6 H　（6：公差等級，H：公差位置）	
		おねじ	有効径と内径の等級が同じ場合　6 g　有効径と内径の等級が異なる場合　5 g 6 g　（5 g：有効径，6 g：内径）	
		めねじとおねじを組み合わせた場合	6 H/5 g, 5 H/5 g 6 g	
	ミニチュアねじ	めねじ	3 G 6　（有効径の公差等級，G：有効径の公差位置，6：内径の公差等級）	
		おねじ	5 h 3　（有効径の公差等級，h：有効径の公差位置，3：外径の公差等級）	
		めねじとおねじを組み合わせた場合	3 G 6/5 h 3	
	メートル台形ねじ	めねじ	7 H	
		おねじ	7 e	
		めねじとおねじを組み合わせた場合	7 H/7 e	
ピッチを山数で表すねじ	管用平行ねじ	おねじ	A	
	ユニファイねじ	めねじ	B	
		おねじ	2 A	

となっている．したがって，M 8，M 8×1などと表す．

左ねじ(記号LH)や多条ねじ，ねじの等級を加えて表したい場合には，**表 2.3**や**表 2.4**のような表示方法に従う．

表 2.4　ねじの表示方法（JIS B 0123：1999）

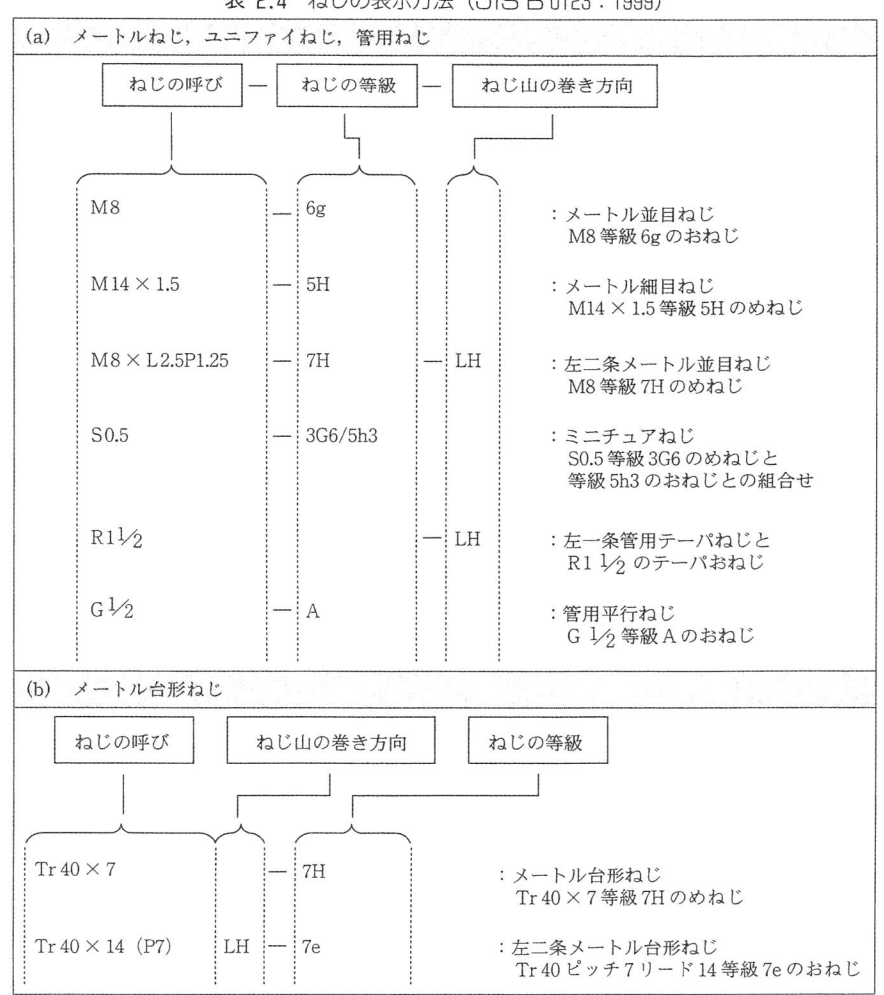

(a) メートルねじ，ユニファイねじ，管用ねじ

ねじの呼び	ねじの等級	ねじ山の巻き方向	
M8	6g		：メートル並目ねじ 　M8等級6gのおねじ
M14×1.5	5H		：メートル細目ねじ 　M14×1.5等級5Hのめねじ
M8×L2.5P1.25	7H	LH	：左二条メートル並目ねじ 　M8等級7Hのめねじ
S0.5	3G6/5h3		：ミニチュアねじ 　S0.5等級3G6のめねじと 　等級5h3のおねじとの組合せ
R1 1/2		LH	：左一条管用テーパねじと 　R1 1/2のテーパおねじ
G1/2	A		：管用平行ねじ 　G 1/2等級Aのおねじ

(b) メートル台形ねじ

ねじの呼び	ねじ山の巻き方向	ねじの等級	
Tr 40×7		7H	：メートル台形ねじ 　Tr 40×7等級7Hのめねじ
Tr 40×14 (P7)	LH	7e	：左二条メートル台形ねじ 　Tr 40 ピッチ7 リード14 等級7eのおねじ

2.4.1 六角ボルト・六角ナット・六角穴付きボルト

(1) 六角ボルト・六角ナットの種類

六角ボルト・六角ナットの代表的な形状の種類を図 2.7 に示す。六角ボルト・六角ナットは，それらを締め付ける際に使う頭の部分の形が六角形のねじ部品であり，六角形の対向する二面の幅 s がねじ呼び径 d の 1.45 倍以上になっている。$s/d<1.45$ のものを，小形六角ボルト，小形六角ナットといい，呼び径が 8〜39 mm のねじが，ISO によらないものとして JIS B 1180 および 1181 の付属書にそれぞれ規定されている。

六角ボルトは，その形状によって図 2.8 に示すような 3 種類に分類される。
① 呼び径六角ボルト：円筒部（ねじを加工していない部分）の直径がねじ外径にほぼ等しいねじ。
② 有効径六角ボルト：円筒部の直径が，ねじの有効径にほぼ等しいねじ。
③ 全ねじ六角ボルト：軸部のほぼ全長がねじ部からなるねじ。

六角ナット（図 2.9 参照）については，次の 5 種類が規定されている。
① 六角ナット-スタイル 1：部品等級が A，B のねじで，ナットの呼び高さ

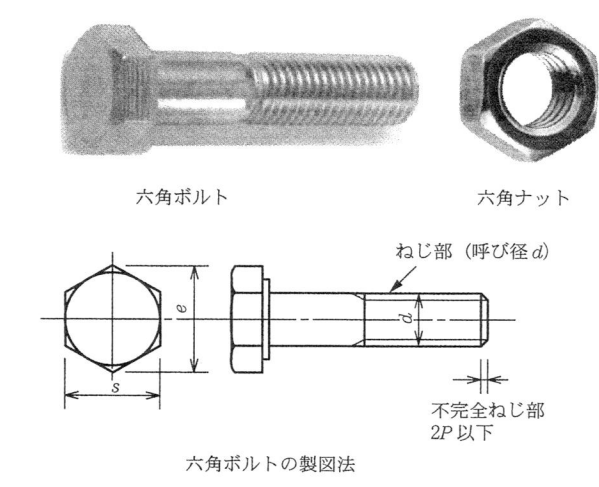

図 2.7 六角ボルトと六角ナット

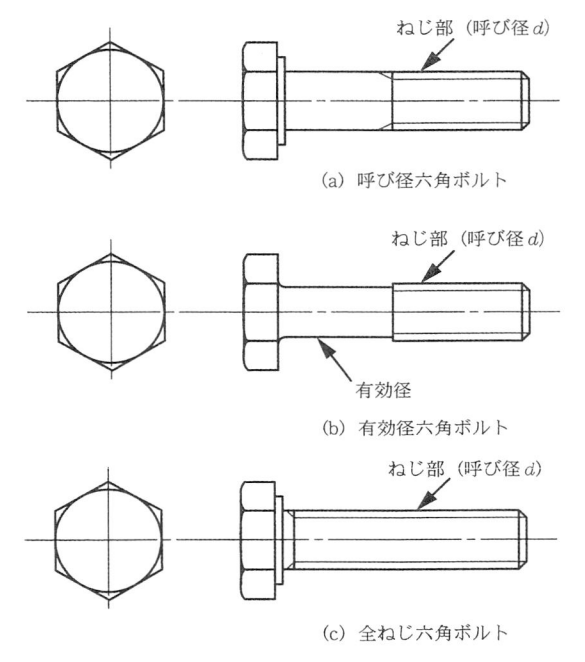

図 2.8 六角ボルトの種類

　m がほぼ $0.8\,d$ (d はねじの呼び径) であるナット。両面を面取りしたナットと座付きナットの 2 種類がある。
② 六角ナット-スタイル 2：部品等級が A, B のねじで, ナットの呼び高さがほぼ $0.9\,d$ であるナット。両面を面取りしたナットと座付きナットの 2 種類がある。
③ 六角ナット：部品等級 C のねじで, ナットの呼び高さが, ほぼ $0.9\,d$ であるナット。面取りナットのみで座付きナットはない。
④ 六角低ナット-両面取り：部品等級が A, B のねじであり, ナットの呼び高さがほぼ $0.5\,d$ であるナット。
⑤ 六角低ナット-面取りなし：部品等級が C のねじであり, ナットの呼び高さがほぼ $0.5\,d$ であるナット。

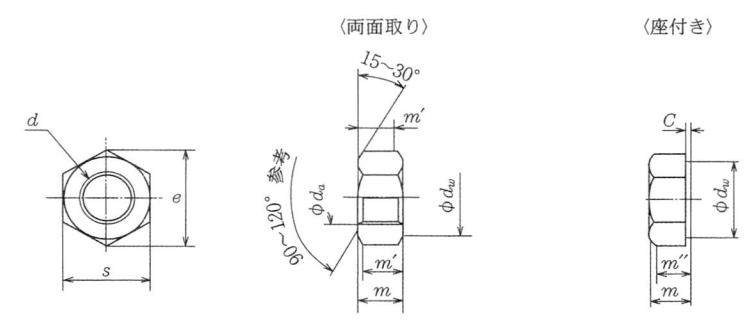

(a) 六角ナット（スタイル1：$m \fallingdotseq 0.8d$, スタイル2：$m \fallingdotseq 0.9d$）

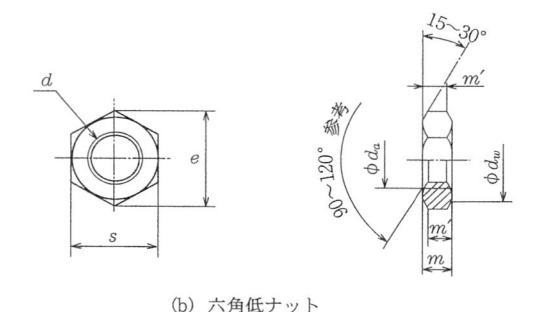

(b) 六角低ナット

図 2.9　六角ナットの種類（JIS B 1181）

(2) 六角穴付きボルト

図 2.10 に六角穴付きボルトの形状を示す。六角穴付きボルトの頭部は，呼び径の約 1.5 倍程度の円形となっており，その中に六角形の穴が設けられている。このねじを締め付ける場合は，六角棒ソケット（六角レンチ）をねじの六角形の穴に差し込んで締め付けを行う。締め付け工具の関係から，六角ボルトに比べ狭い場所でも締め付けが可能であり，ボルトの頭部を締結部に沈めたい場合にも適する。また，一般に材質として合金鋼（クロムモリブデン鋼（記号 SCM），ニッケルクロムモリブデン鋼（記号 SNCM）など）を用いており，六角ボルトに比べ強度的に強い。部品等級は A であり，1.6～64 mm の呼び径のねじが，

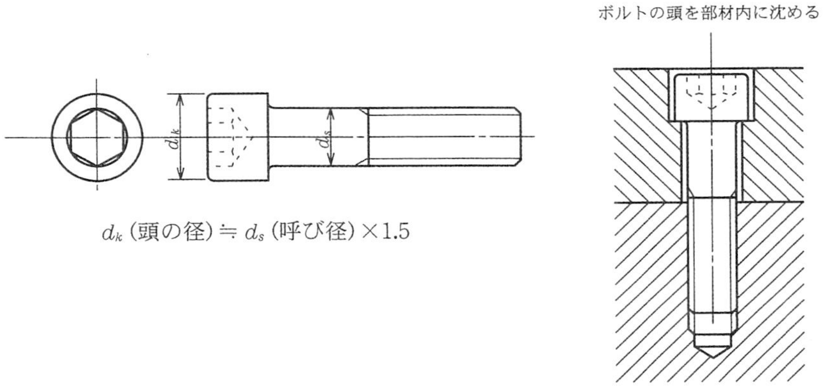

第2章◆ねじ

d_k(頭の径) ≒ d_s(呼び径)×1.5

ボルトの頭を部材内に沈める

図 2.10　六角穴付きボルト

JIS B 1176 に規定されている。表面には，耐食性のため黒色酸化皮膜処理が施してある。

2.4.2　ボルトによる部材の締結法

ねじを用いて部材を締結する方法としては，図 2.11 に示す3種類がある。

(1)　通しボルト

締結する部材にボルトの呼び径よりも少し大きい穴をあけ，そこにボルトを通し，ナットで締め付ける方式である。もっとも一般的でコストも安いが，横方向からの大きな力（せん断力）が締結部材に加わる場合には部材がずれるため不適である。またボルトおよびナットを締め付ける作業空間が必要である。

(2)　通しボルト（リーマボルトを用いた場合）

せん断力が大きい場合には，ボルト外径と通し穴の内径との間にすきまを作らないようにする。そのため，穴径を正確にあけられるリーマを用いて通し穴を加工する。またボルトの円筒部も正確に加工されている。これにより，せん断力による部材のずれを防止できる。

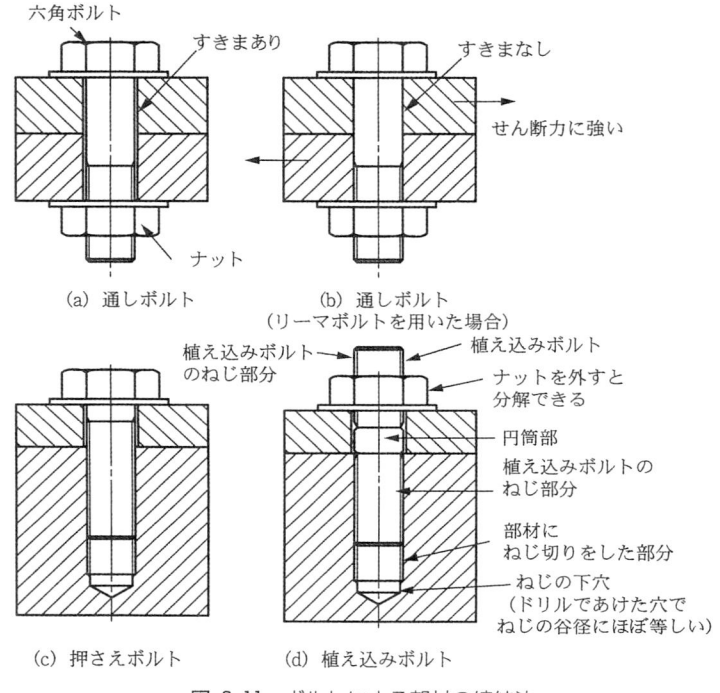

図 2.11 ボルトによる部材の締結法

(3) 押さえボルト

　締結する一方の部材の厚さが厚く，通し穴を加工できない場合や，通しボルトでは締め付け作業空間が取れない場合，流体機械など作動流体の漏れを防止する場合などに，一方の部材にめねじを切り，ボルトで締結する方式である。

表 2.5　押さえボルトのめねじの深さの目安

材料	めねじ深さ	下穴深さ
鋼，銅合金展伸材	$1.25d + 3P$	$1.25d + 8P$
鋳鉄，銅合金鋳物	$1.5d + 3P$	$1.5d + 8P$
軽合金	$2d + 3P$	$2d + 8P$

P：ピッチ，d：呼び径

ただし，ねじの取り付け，取り外しを繰り返すとめねじが摩耗するので，一般には，一度取り付けた後はほとんど分解しないような場合に使用する。押さえボルトのめねじの深さの目安を**表2.5**に示す。

(4) 植え込みボルト

押さえボルトと同様な場合に用いられるが，取り付け，取り外しを頻繁に行わなければならない場合に使用する方式である。植え込みボルトは，円筒部を挟んで両端にねじが設けられている。ねじ込み固定する側のねじは，分解する際に緩むことがないように，締まりばめ用のねじが指定され，ナット側は，すきまばめである6gが指定されている。呼び径は4～20 mmがJIS B 1173に規定されている。

2.4.3　小ねじ類および座金

小ねじ，止めねじ，タッピングねじを，一括して，小ねじ類と呼ぶ。

(1) 小ねじ（JIS B 1101 : 1996，B 1111 : 1996）

呼び径が1～8 mmのねじを小ねじという。一般に頭部には，すりわりや十字穴が設けられているが，最近では，締め付けの確実性から十字穴付きの小ねじが多く用いられている。締め付けはドライバー（ねじ回し）で行われる。ISOには，4種類の頭部形状が規定されているが，JISでは，それに加え8種類の小ねじが規定されている。**図2.12**に小ねじの名称と種類，品質を示す。

(2) 止めねじ（JIS B 1177 : 1997）

止めねじは，大きな力が加わらないような部材をある位置に止めておきたいような場合に簡易的な方法として用いられることが多い。**図2.13**に止めねじの形状と使用例を示す。

(3) タッピングねじ

タッピングねじは，相手材が薄鋼板や合成樹脂などの場合に，あらかじめ下

区分		品質		
		鋼小ねじ	ステンレス小ねじ	非鉄金属小ねじ
ねじ	等級	6g		
	適用規格	B 0205, B0209		
機械的性質	区分	強度区分 4.8, 5.8	強度区分 A2-50, A2-70	---
	適用規格	B 1051	B 1054	B 1057
公差	部品等級	A		
	適用規格	B 1021		
表面処理		一般には施さない。必要な場合は注文者が指定する。		

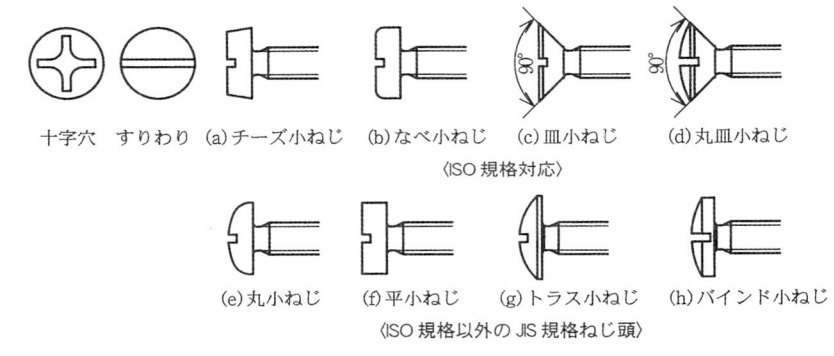

十字穴　すりわり　(a)チーズ小ねじ　(b)なべ小ねじ　(c)皿小ねじ　(d)丸皿小ねじ
〈ISO 規格対応〉

(e)丸小ねじ　(f)平小ねじ　(g)トラス小ねじ　(h)バインド小ねじ
〈ISO 規格以外の JIS 規格ねじ頭〉

図 2.12　小ねじの種類と品質

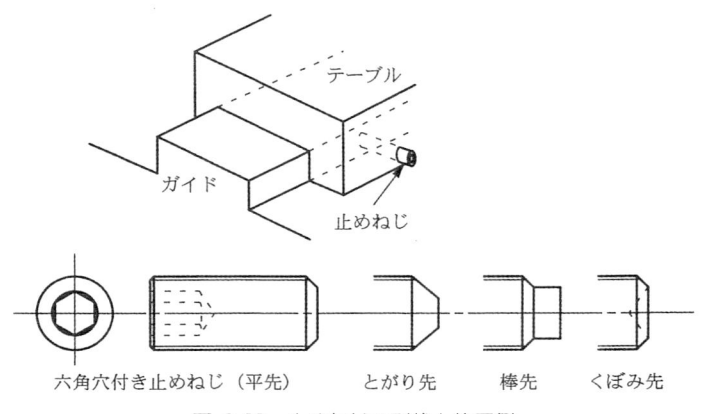

六角穴付き止めねじ（平先）　とがり先　棒先　くぼみ先

図 2.13　止めねじの形状と使用例

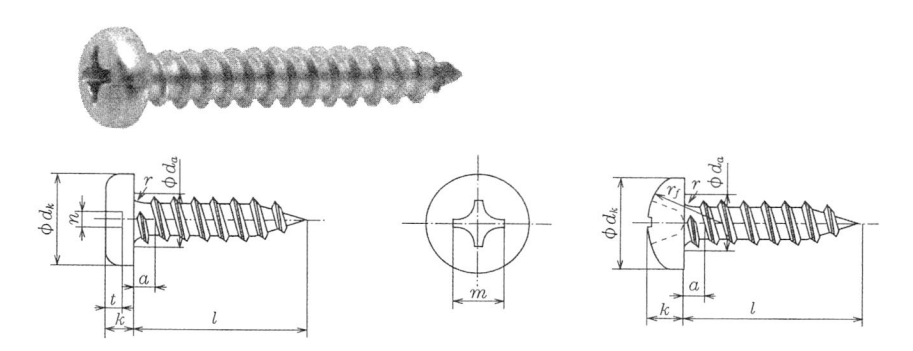

図 2.14 タッピングねじ

穴を加工しておくと，ねじ込むことにより自身でねじ切りをしながら，締め付けることができる．めねじをあらかじめ切ることが不要なので作業性がよく，またおねじとめねじの遊びがないので，緩みにくいという特徴がある．しかし，修理などで取り外しを行うような使用には，ねじがきかなくなり易いので不向きである．タッピングねじの形状を**図 2.14**に示す．

（4） 座金（JIS B 1251：2001，B 1256：1998）

座金は，**図 2.15**に示すように，ボルト，ナットと締め付け部材との間に入れることで，ナットなどを締め付ける際に部材に傷が付くことを防ぐ．また部材

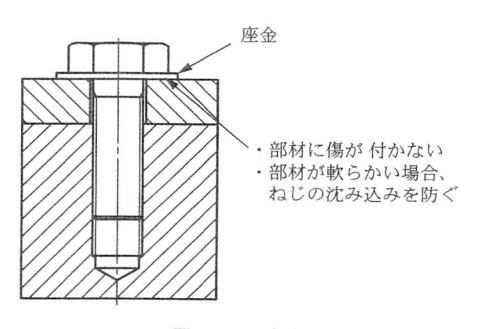

図 2.15 座金

の表面が粗い場合には，座金を入れることで部材との間の摩擦が減り，十分な締め付け力を与えることができる。部材が軟らかい場合には，座金を入れることで部材との接触面積が増え，ねじが部材内に沈み込まないようにできる。座金の種類としては，平座金やばね座金がある。

2.5　ねじ部品の強度 (JIS B 1051：2000, JIS B 1052：1998)

ねじ部品を選択する場合，ねじがどの程度の強度を持っているかを知っておく必要がある。誤った強度のねじを選択すると，場合によっては，ねじの破損を招き，機械が故障したり損傷したりするおそれがある。ねじ部品の強度はJISに規定されており，それを用いて適切なねじを選定することができるようになっている。

(1)　鋼製ボルトの強度区分

締結部材を一定の締め付け力で締め付けるためには，それに応じたボルトの強度が必要となる。ボルトの強度は，強度区分によって表される。

強度区分とは，ボルト材料の引張り強さと降伏点を表す数値であり，
　　3.6　　4.8
などと表す。これらの数字の意味は，以下のようである。

・1の位の数字（ここでは，3あるいは4）

引張り強さ $[N/mm^2]$ を100で割った値を示す。したがって3の場合の引張り強さは300 $[N/mm^2]$ となる。

・小数点以下の1桁の数字（ここでは，6あるいは8）

（呼び降伏点あるいは耐力）を引張り強さで割った値であり，呼び降伏点あるいは耐力 $[N/mm^2]$ が引張り強さの0.6あるいは0.8の大きさであることを示す。よって，3.6の降伏点は，$300 \times 0.6 = 180$ $[N/mm^2]$ となる。

表2.6に，鋼製六角ボルトと六角穴付きボルトの強度区分を部品等級，ねじ

表 2.6 鋼製六角ボルトと六角穴付きボルトの強度区分と部品等級, ねじの等級

(JIS B 1180-1994)

ボルト の種類	部品 等級	ねじ 種類	呼び径 の範囲 [mm]	等級	材料 鋼 呼び径および 強度区分	ステンレス 呼び径および 強度区分	非鉄金属 呼び径および 強度区分
呼び径六角ボルト	A	並目 細目	1.6〜24 8〜24	6 g	$d<3$ mm : 当事者間協定	$d\leq20$ mm : A 2-70	JIS B 1057による
	B	並目および細目	16〜64		3 mm$\leq d\leq$39 mm : 5.6, 8.8, 10.9	20 mm$<d\leq$39 mm : A 2-50	
全ねじ六角ボルト	A	並目 細目	16〜24 8〜24		$d>39$ mm : 当事者間協定	$d>39$ mm : 当事者間協定	
	B	並目および細目	16〜64				
呼び径六角ボルト	C	並目	5〜64	8 g	$d\leq39$ mm : 3.6, 4.6, 4.8	……	……
全ねじ六角ボルト	C				$d>39$ mm : 当事者間協定		
有効径六角ボルト	B	並目	3〜20	6 g	全サイズ : 5.8, 8.8	全サイズ : A 2-70	JIS B 1057による
六角穴付きボルト	A			5 g 6 g	$d<3$ mm : 当事者間協定 3 mm$\leq d\leq$39 mm : 8.8, 10.9, 12.9 $d>39$ mm : 当事者間協定	$d\leq24$ mm : A 2-70, A 4-70 24 mm$<d\leq$39 mm : A 2-50, A 4-50 $d>39$ mm : 当事者間協定	規定された すべての材料

の等級とともに示す。また**表 2.7**には,鋼製ボルトの強度区分と機械的性質(引張り応力,降伏応力および保証荷重応力)の関係を示す。

保証荷重とは,完全ねじ部の長さが 6 ピッチ以上あるねじにナットを取り付け,軸方向に 15 秒間荷重を加えた後,荷重除去後の永久伸びが 12.5 μm 以下であることを保証する荷重のことである。

保証荷重応力を実際のねじに加えられる荷重に変換するためには,保証荷重応力に,ねじの有効断面積 A_s ($=\pi d_s^2/4$, $d_s=$(有効径+谷径)$/2=d-$

表 2.7 ボルト，ねじおよび植え込みボルトの機械的性質（JIS B 1051 抜粋）

機械的または物理的性質		3.6	4.6	4.8	5.6	5.8	6.8	8.8 $d \leq 16$ mm	8.8 $d > 16$ mm	9.8	10.9	12.9
呼び引張り強さ $R_{m.nom}$ N/mm²		300	400	400	500	500	600	800	800	900	1,000	1,200
最小引張り強さ $R_{m.min}$ N/mm²		330	400	420	500	520	600	800	830	900	1,040	1,220
下降伏点 R_{eL} N/mm²	呼び	180	240	320	300	400	480	—	—	—	—	—
	最小	190	240	340	300	420	480	—	—	—	—	—
0.2% 耐力 $R_{p0.2}$ N/mm²	呼び			—			—	640	640	720	900	1,080
	最小			—			—	640	660	720	940	1,100
保証荷重応力 S_p	S_p/R_{eL} または $S_p/R_{p0.2}$	0.94	0.94	0.91	0.93	0.90	0.92	0.91	0.91	0.90	0.88	0.88
	N/mm²	180	225	310	280	380	440	580	600	650	830	970
破壊トルク M_B N·m	最小			—				JIS B 1058 による。				
破断伸び A %	最小	25	22	—	20	—	—	12	12	10	9	8

表 2.8 保証荷重一並目ねじ（メートルねじ）（JIS B 1051 抜粋）

ねじの呼び	有効断面積 $A_{s,nom}$ mm²	強度区分									
		3.6	4.6	4.8	5.6	5.8	6.8	8.8	9.8	10.9	12.9
		保証荷重（$A_{s,nom} \times S_p$）N									
M 3	5.03	910	1,130	1,560	1,140	1,910	2,210	2,290	3,270	4,180	4,880
M 3.5	6.78	1,220	1,530	2,100	1,900	2,580	2,980	3,940	4,410	5,630	6,580
M 4	8.78	1,580	1,980	2,720	2,460	3,340	3,860	5,100	5,710	7,290	8,520
M 5	14.2	2,560	3,200	4,400	3,980	5,400	6,250	8,230	9,230	11,800	13,800
M 6	20.1	3,620	4,520	6,230	5,630	7,640	8,840	11,600	13,100	16,700	19,500
M 7	28.9	5,200	6,500	8,960	8,090	11,000	12,700	16,800	18,800	24,000	28,000
M 8	36.6	6,590	8,240	11,400	10,200	13,900	16,100	21,200	23,800	30,400	35,500
M 10	58.0	10,400	13,000	18,000	16,200	22,000	25,500	33,700	37,700	48,100	56,300
M 12	84.3	15,200	19,000	26,100	23,600	32,000	37,100	48,900	54,800	70,000	81,800
M 14	115	20,700	25,900	35,600	32,200	43,700	50,600	66,700	74,800	95,500	112,000
M 16	157	28,300	35,300	48,700	44,000	59,700	69,100	91,000	102,000	130,000	152,000
M 18	192	34,600	43,200	59,500	53,800	73,000	84,500	115,000	—	159,000	186,000

表 2.9 六角ナットの強度区分と部品等級, ねじの等級 (JIS B 1181)

ボルトの種類	部品等級	ねじ 種類	呼び径の範囲 [mm]	等級	材料 鋼 呼び径および強度区分	ステンレス 呼び径および強度区分	非鉄金属 呼び径および強度区分
六角ナット—スタイル1	A	並目 細目	1.6〜16 8〜16	6H	$d<3$ mm：当事者間協定 3 mm$\leq d \leq$16 mm 並目, 細目ねじ：6, 8, 10 16 mm$<d\leq$39 mm 並目ねじ：6, 8, 10 細目ねじ：6, 8 $d>$39 mm：当事者間協定	$d\leq$20 mm：A 2-70 20 mm$<d\leq$39 mm ：A 2-50 $d>$39 mm：当事者間協定	JIS B 1057 による
六角ナット—スタイル1	B	並目および細目	18〜64				
六角ナット—スタイル2	A	並目 細目	5〜16 8〜16	6H	全サイズ 並目ねじ：9, 12 細目ねじ：8, 10, 12		
六角ナット—スタイル2	B	並目および細目	18〜36		全サイズ 並目ねじ：9, 12 細目ねじ：10		
六角ナット	C	並目	5〜64	7H	$d\leq$16 mm：5 16 mm$<d\leq$39 mm：4, 5 $d>$39 mm：当事者間協定	……	……
六角低ナット―両面取り	A	並目 細目	1.6〜16 8〜16	6H	$d<3$ mm：硬さ HV 140 〜290 3 mm$\leq d\leq$39 mm：4, 5 $d>$39mm：当事者間協定	$d\leq$20 mm：A 2-70 20 mm$<d\leq$39 mm ：A 2-50 $d>$39 mm：当事者間協定	JIS B 1057 による
六角低ナット―両面取り	B	並目および細目	18〜64				
六角低ナット―一面取りなし	B	並目	1.6〜10	6H	全サイズ 硬さ HV 110 以上	……	……

表 2.10 鋼製ナットの強度区分と保証荷重 (JIS B 1052：1998 抜粋)

ねじの呼び	ピッチ	ねじの有効断面積 A_s	強度区分												
			04	05	4	5	6	8		9	10		12	
								スタイル1	スタイル2	スタイル2	スタイル2	スタイル1	スタイル1	スタイル2
	mm	mm²	低形	低形	スタイル1	スタイル1	スタイル1	保証荷重値 ($A_s \times S_p$) N							
M 3	0.5	5.03	1,910	2,500	—	2,600	3,000	4,000	—	4,500	5,200	5,700	5,700	5,800
M 3.5	0.6	6.78	2,580	3,400	—	3,550	4,050	5,400	—	6,100	7,050	7,700	7,700	7,800
M 4	0.7	8.78	3,340	4,400	—	4,550	5,250	7,000	—	7,900	9,150	10,000	10,000	10,100
M 5	0.8	14.2	5,400	7,100	—	8,250	9,500	12,140	—	13,000	14,800	16,200	16,200	16,300
M 6	1	20.1	7,640	10,000	—	11,700	13,500	17,200	—	18,400	20,900	22,900	22,900	23,100
M 7	1	28.9	11,000	14,500	—	16,800	19,400	24,700	—	26,400	30,100	32,900	32,900	33,200
M 8	1.25	36.6	13,900	18,300	—	21,600	24,900	31,800	—	34,400	38,100	41,700	41,700	42,500
M 10	1.5	58	22,000	29,000	—	34,200	39,400	50,500	—	54,500	60,300	66,100	66,100	67,300
M 12	1.75	84.3	32,000	42,200	—	51,400	59,000	74,200	—	80,100	88,500	98,600	98,600	100,300
M 14	2	115	43,700	57,500	—	70,200	80,500	101,200	—	109,300	120,800	134,600	134,600	136,900
M 16	2	157	59,700	78,500	—	95,800	109,900	138,200	—	149,200	164,900	183,700	—	186,800
M 18	2.5	192	73,000	96,000	97,900	121,000	138,200	176,600	170,900	176,600	203,500	—	—	230,400

0.938194P)を乗ずればよい。

メートルねじの有効断面積 A_s と保証荷重 [N] を**表2.8**に示す。たとえば，強度区分4.6 M 8 の鋼製ボルトの保証荷重は，

$$225 \, [\text{N/mm}^2] \times 36.6 \, [\text{mm}^2] \fallingdotseq 8240 \, \text{N}$$

となる。

(2) 鋼製ナットの強度区分

表2.9，2.10には，鋼製ナットの強度区分を部品等級，ねじの等級，および強度区分と保証荷重の関係を示す。ナットの強度区分は，整数で表され，その数値の100倍が呼び保証荷重応力を示す。

ナットの保証荷重は，ナットにおねじをねじ込み，軸方向に荷重を負荷した場合，ねじが破損せず，また荷重除去後，ナットが指で回せるような荷重応力を指す。

表 2.11 呼び高さが 0.8 d 以上のナットの強度区分および
それと組み合わせるボルト（JIS B 1052）

ナットの強度区分	組み合わせるボルト		ナット	
	強度区分	ねじの呼び範囲	スタイル1	スタイル2
			ねじの呼び範囲	
4	3.6, 4.6, 4.8	>M 16	>M 16	—
5	3.6, 4.6, 4.8	≦M 16	≦M 39	—
	5.6, 5.8	≦M 39		
6	6.8	≦M 39	≦M 39	—
8	8.8	≦M 39	≦M 39	>M 16 ≦M 39
9	9.8	≦M 16	—	≦M 16
10	10.9	≦M 39	≦M 39	—
12	12.9	≦M 39	≦M 16	≦M 39
備考 一般に，高い強度区分に属するナットは，それより低い強度区分のナットの代わりに使用することができる。ボルトの降伏応力または保証荷重応力を超えるようなボルト・ナットの締結には，この表の組み合わせより高い強度区分のナットの使用を推奨する。				

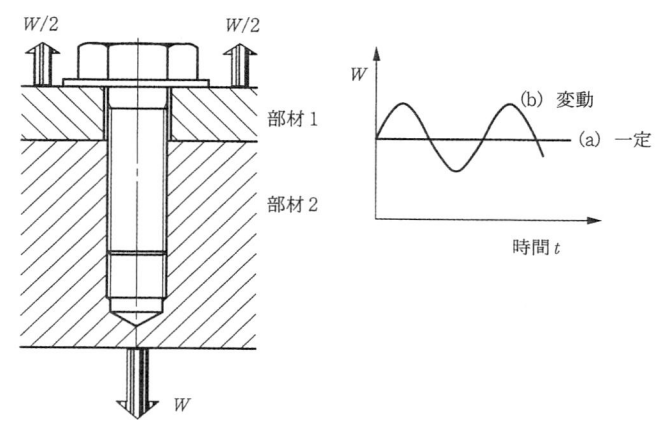

図 2.16　締結材に引張り荷重が加わる場合

表 2.11 に，ナットの強度区分とそれに組み合わせるボルトの強度区分を示す．強度区分の組み合わせを誤ると，締め付けた際に，強度の弱い方のねじが破損するおそれがある．

(3)　締結材に引張り力が加わる場合のボルトの簡易選定法

図 2.16 に示すようなねじ締結体に一定の引張り外力 W（図中直線(a)）が加わることは，一般によくあることである．設計者は，その際，締結体同士が離れることのないように，ねじ径および強度区分を選定しなければならない．このような場合のねじ径および強度区分を決定するためには，厳密には，種々の条件を考慮して詳細に行われる[1]．しかし，多少過剰な強度設計になっても良いような場合には，以下に述べるような簡易的な選定法を用いることも可能である．

いま例として，図 2.16 における W を $W=10\,\mathrm{kN}$ とした場合のボルトを選定する．ボルトを選定する場合には，実際に加わる荷重を大きめに見積もる（実際の荷重に安全率を乗じる）ことにより，安全性を考慮した選定を行う．安全率の決定には，種々の条件を加味する必要があるが，ここでは，簡単のために種々の条件に対する安全率をすべて大きめにとった場合の安全率を用いる．こ

表 2.12 疲れ強さの推定値 σ_{WK}[1]

(単位：N/mm²)

ねじの呼び	メートル並目ねじ 強度区分					ねじの呼び	メートル細目ねじ 強度区分				
	4.6	6.8	8.8	10.9	12.9		4.6	6.8	8.8	10.9	12.9
M 4	78	81	87	76	110						
M 5	72	73	77	66	96	—	—	—	—	—	—
M 6	68	69	73	62	89						
M 8	62	62	63	74	76	M 8×1	63	74	63	75	77
M 10	54	52	53	63	64	M 10×1.25	56	55	56	65	66
M 12	51	48	48	56	58	M 12×1.25	56	53	54	63	65
M 16	47	44	43	50	51	M 16×1.5	51	48	48	56	57
M 20	42	40	39	45	46	M 20×1.5	50	47	47	54	56
M 24	40	36	35	41	41	M 24×1.5	46	43	42	50	50
M 30	37	35	39	39	39	M 30×2	46	44	50	50	51
M 36	37	33	38	38	38	M 36×3	41	38	43	43	44

の場合，安全率の範囲は2.0〜2.5となるが，ここでは安全率＝2.0とおく。したがって安全率を考慮した荷重 W_r は，

W_r ＝安全率×W＝20 kN

となる。よってボルトを選定する際には，その保証荷重が荷重 W_r よりも大きなものを選べばよいことになる。表2.8の中から，そのようなボルトを選定すると，M 8，強度区分8.8のボルト(保証荷重＝21.2 kN)を選択することになる。

(4) ボルトが疲労破壊しない時間的に変化する軸方向外力簡易計算法

図2.16中の曲線(b)に示すように，ボルトに加わる外力が時間的に変動する場合がある。その場合には，ボルトの疲労破壊を考慮しなければならない。疲労破壊に対する強さである疲れ強さの推定値を呼び径，強度区分ごとに**表2.12**に示す。疲れ強さは，繰り返し荷重が無限回数にわたって加わった場合でも，疲労破壊することがない応力の振幅を示している。ボルトが疲労破壊しない変動外力の簡易的な計算法として，次のような考え方がある。

例として，M 8,強度区分8.8のボルトが疲労破壊しないための変動外力の荷重振幅を求める。

表2.12[1]から，M 8，強度区分8.8の疲れ強さは，63 [N/mm²] であることが分かる。この値に，ねじの有効断面積 A_s を乗ずることで，軸方向変動外力（変動軸力）の振幅を求めることができる。よって，

　　M 8の有効断面積：$A_s = 36.6$ [mm²]

　　変動軸力の振幅：$F_{tamp} = 63 \times 36.6 = 2.3$ [kN]

軸力の変化 F_{tamp} を引張り荷重の変化 W_{amp} に換算する換算式は，次のように与えられる。

　　$W_{amp} ≒ F_{tamp} ÷ (換算係数 = 0.1〜0.4)$

換算係数は締結部の形状によって大きく影響されるが，ここでは，安全側（引張り荷重が小さくなる側）に値をとり，0.4とする。よって，

　　$W_{amp} = 2.3$ [kN]$/0.4 = 5.8$ [kN]

これより，M 8，強度区分8.8の鋼製並目ねじが疲労破壊しないための軸方向変動外力の荷重振幅は，5.8 [kN] であることが求められた。

2.6　ねじの締め付け力と緩み対策

2.6.1　ねじの締め付け力

ナットに与える締め付けトルクと締め付け力（ねじ軸の軸方向）との関係は，斜面の原理から次のように求めることができる。

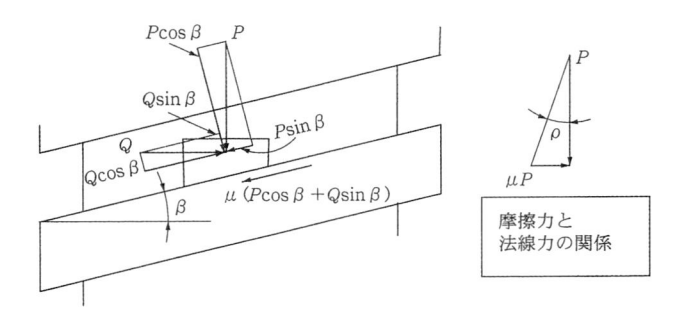

図 2.17　角ねじにおける水平接線力 Q と締め付け力 P との関係

いま図 2.17 に示すような角ねじにおいて，軸方向の力 P を受ける物体をナットを回すための水平接線力 Q を与えて押し上げるとする。ねじ山間の摩擦係数を μ とすると，斜面に沿った力の釣り合いから，次式が得られる。

$$Q\cos\beta = P\sin\beta + \mu(P\cos\beta + Q\sin\beta) \tag{2.1}$$

また図 2.17 より，

$$\tan\rho = \mu P/P = \mu \tag{2.2}$$

という関係が得られることから，式 (2.1) の μ に式 (2.2) を代入して Q について整理すると，

$$Q = \frac{\tan\rho + \tan\beta}{1 - \tan\rho\tan\beta} = \tan(\beta + \rho) \cdot P \tag{2.3}$$

となる。したがって水平接線力 Q がねじの有効径 d_2 上に作用しているとすると，締め付け力 P とそれを生じさせるトルク T との関係は，$Q = T/(d_2/2)$ となり，式 (2.3) を代入すると，

$$\tan(\beta + \rho) \cdot P = T/(d_2/2)$$

となる。
よって，

$$P = T/\{\tan(\beta + \rho) \cdot (d_2/2)\} \tag{2.4}$$

となる。式 (2.4) より，リード角 β を小さくする（細目ねじとする）ことで締め付け力を増加できることが分かる。

2.6.2 ねじの緩み対策

ねじ締結では種々の理由から締結力が低下し，ねじの緩みを生じる。ボルトとナットの接触面では，それらの表面にある凹凸が互いに接触しあっているが，時間が経つにつれこの凹凸がへたってきて締結力が低下してくる。このような現象は，締結部材とボルトあるいはナットとの間でも生じる。また軸方向の力や軸に直角方向の力が繰り返し加わることでも締結力の低下は生じる。このような締結力の低下に起因するねじの緩みを防止する対策としては，図 2.18 (a) に示すようなピンなどを用いる従来の手法もあるが，ここでは，最近，用いられることの多い手法を紹介しておく。

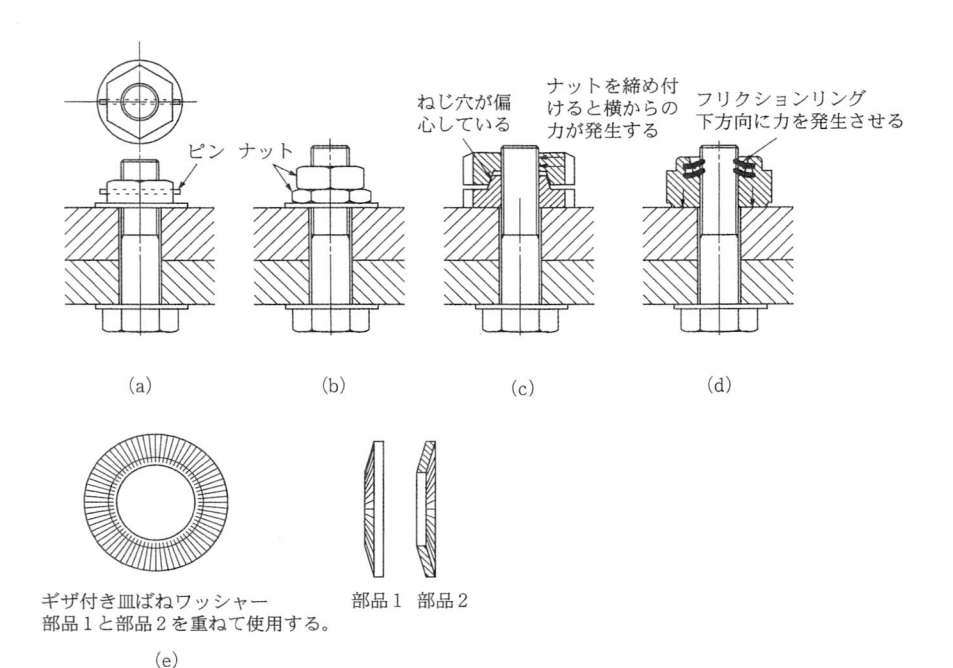

図 2.18 ねじの緩み防止法

(1) 二重ナット

2個のナット間に軸方向力が発生するように締め付け，ねじ面間の摩擦力を利用して緩み止めを行う。通常，下側ナットに低ナットを用い，これにより，ロック力を発生させる。(図 2.18(b))

(2) 偏心テーパを利用した二重ナット

互いに偏心したテーパ面を持つナットを組み合わせて締め付けることにより，大きな摩擦力を発生させる。(図 2.18(c))

(3) 板ばね付きナット

ナット内に組み込まれた板ばねでボルトのねじ面を押し付けることにより，摩擦力を発生させる。(図 2.18(d))

(4) ギザ付きばね座金

図2.18(e)に示すようなギザギザのあるばね座金を2枚1組で使用する。ギザギザ面がラチェットの役割を果たし，緩みを防止する。

(5) 嫌気性接着剤による固定

ねじ面に接着剤を塗り締めることにより，ボルトとナットが固定される。簡便であるが，接着剤の硬化に時間がかかる。

2.7 ねじの締め付け法

ねじをあまり大きな力で締めるとねじが永久変形したり，破損したりする。一方，十分な締め付けを行わないとねじが緩み，脱落するなどして機械の不具合を起こす。表2.13[1]に，トルクレンチ（締め付け力を計測できる締め具）を用いた場合に，ねじをどの程度の力で締め付ければよいかを示す。この締め付け力を用いた場合，ボルト内の引張り応力は，降伏応力の60%程度の値となる。

表2.13 トルクレンチ用トルクの指示目標値 T_{mean}[1]

（単位：Nm）

ねじの呼び	メートル並目ねじ 強度区分					ねじの呼び	メートル細目ねじ 強度区分				
	4.6	6.8	8.8	10.9	12.9		4.6	6.8	8.8	10.9	12.9
M 4	1.0	2.0	2.7	4.0	4.6	—	—	—	—	—	—
M 5	2.0	4.1	5.5	8.0	9.4						
M 6	3.5	6.9	9.3	13.6	15.9						
M 8	8.4	16.9	22	33	39	M 8×1	9.0	18.1	24	35	41
M 10	16.7	33	45	65	77	M 10×1.25	17.6	35	47	69	81
M 12	29	58	78	114	133	M 12×1.25	32	64	85	125	146
M 16	72	145	193	280	330	M 16×1.5	77	154	210	300	350
M 20	141	280	390	550	650	M 20×1.5	157	310	430	610	720
M 24	240	490	670	960	1,120	M 24×1.5	270	530	730	1,040	1,220
M 30	480	970	1,330	1,900	2,200	M 30×2	540	1,070	1,480	2,100	2,500
M 36	850	1,690	2,300	3,300	3,900	M 36×3	900	1,790	2,500	3,500	4,100

2.8　ねじ部品選択上の考慮事項

ねじの種類や強度について述べてきたが，ねじ部品を用いて部材や部品を締結しようとする際，次のような事項を考慮してねじ部品の選択や取り付けを行う必要がある。

① ねじ部品に加わる外力の検討：ねじ部品に加わる力を見積もる。また加わる力が，時間的に変動しない力か変動する力かを判断する。

② 締結部の分解可能性の検討：一度ねじ部品を締め付けた後，ほとんど取り外すことがないか，あるいはときどき取り外すかを判断する。

③ 強度：加わる外力の大きさおよび種類を求めた後，ボルト締結部に加わる外力に十分耐えうる強度を持つ寸法および材質の選択を行う。

④ 耐食性：鋼を腐食させる可能性のある使用環境では，ねじ部品表面に腐食を防ぐような処理をするか，腐食に強い材料（耐食性材料：ステンレスなど）を選ぶこと。

⑤ ねじの緩み防止：締結部の緩みが機械の運転上大きな支障をきたすと考えられる場合には，ねじが緩むことを防ぐために，特別な処置や緩み防止部品を必要とするかを判断する。

⑥ 締結作業用空間の確保：ねじ部品を用いて部材同士を締結するためには，ねじを締める工具が必要となる。六角ボルトの場合，通常，スパナやソケットレンチなどの締め付け工具が使用されるが，この作業を行う空間を確保しておく必要がある。

⑦ ねじ頭部の扱いについての検討：ねじ部品の頭部が，締結部品の表面から出ていて良いか検討する。

⑧ 入手可能なねじかの検討：JISに規定されているねじであっても，使用頻度の低いねじである場合，市販されていない場合があるので，注意を要する。

コラム 1

ねじの緩みは恐ろしい

　機械製品である限り，故障の起こる可能性を零とすることは難しい。そのために設計者は，故障が起きたときのことを考え，機械を分解できるように設計する。したがって機械を組み立てる場合には，溶接などのように永久締結ではないねじ締結を使わざるを得ないことになる。ねじは，この分解可能であるという長所を持つ代わりに，ねじの緩みという難しい問題を抱えている。

　ねじの緩みが起こした事故として，1992年に起こった新幹線「のぞみ」のメインモータを取り付けるねじの脱落事故がよく話題に上る。メインモータが台車から外れることはなかったが，外れた場合には大きな事故になった可能性もある。ねじの緩みという問題は，熟練した設計者でも予想しがたい場合があるほど難しい問題であるので，設計者は，小さな締結部品である「ねじ」といえどもないがしろにしてはならない。それが外れただけで，大きな事故につながるかもしれないという可能性を，いつも頭に入れておかなければならない。

2.9　送りねじの種類

　ねじには，締結用ねじのほかに，ねじの回転運動を直線運動に換えることにより，テーブルなどを移動させる送り用ねじがある。送り用ねじの種類は，図2.19に示すように，すべりねじ，ボールねじ，静圧ねじなどがある。

2.9.1　すべりねじ

　すべりねじは，おねじとめねじのねじ面間のすべりを利用して，送り機能を発生させるねじである。製作が容易である一方，すべり接触を用いていること

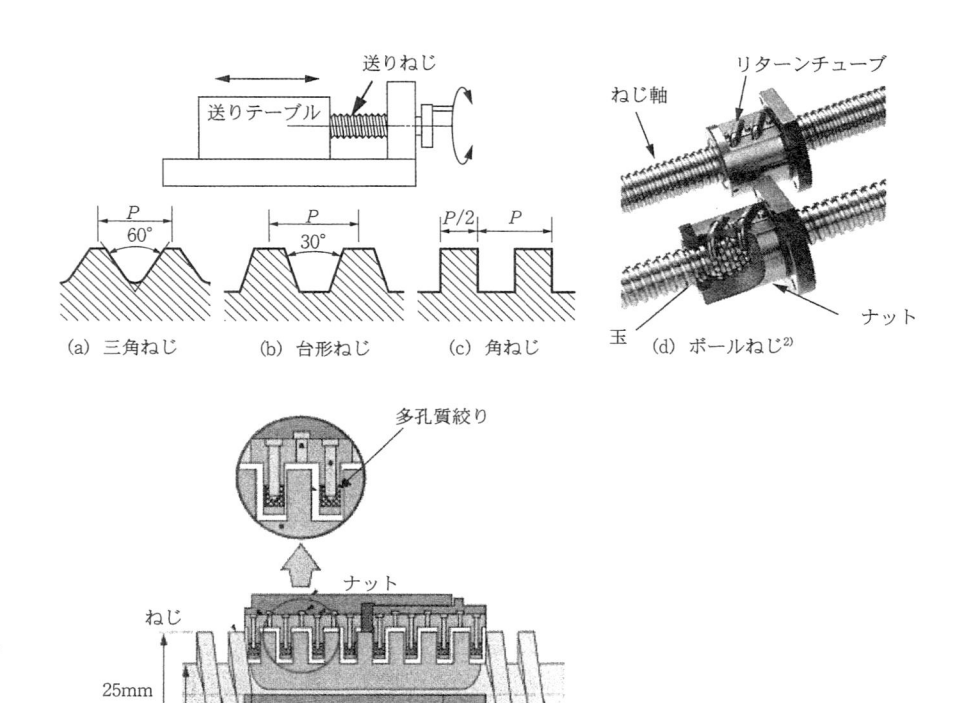

図 2.19 送りねじの種類

からねじ面に摩擦,摩耗を生ずる。しかしねじ面間に摩擦力があるために,テーブルなどの駆動物体に外力が加わった場合でも,その位置が変化しないというセルフロックの役割を果たすという利点もある。

すべりねじには,三角ねじ,台形ねじ,角ねじがある。

(1) 三角ねじ

三角ねじの形状は,締結用三角ねじと同じである。三角ねじは,台形ねじ,角ねじに比べてねじ面の摩擦は大きくなるが,小型化や高精度な加工が簡単にできるため,小型精密用ねじとして使用される。光学機器の微調整ねじやマイ

クロメータなどの計測器用ねじなどに使用されている．

(2) 台形ねじ

台形ねじは，三角ねじに比べねじ面の摩擦が小さく，かつ大きな推力が得られるため，工作機械などの送り用ねじとして広く用いられている．台形ねじのねじ山の角度は30°であり，メートル台形ねじとしてJIS B 0216に呼び径8〜300 mmまでのねじが規定されている．

(3) 角ねじ

角ねじは，台形ねじに比べ高い精度の送りを達成できるが，その加工が煩雑となることから，最近では，使われることが少なくなった．JISには規定されていない．

すべりねじの場合，それをスムースに回転させるためには，おねじとめねじの間にある程度のすきまを設ける必要がある．これをバックラッシというが，おねじを反転させた場合，バックラッシが存在するために，めねじはすぐには

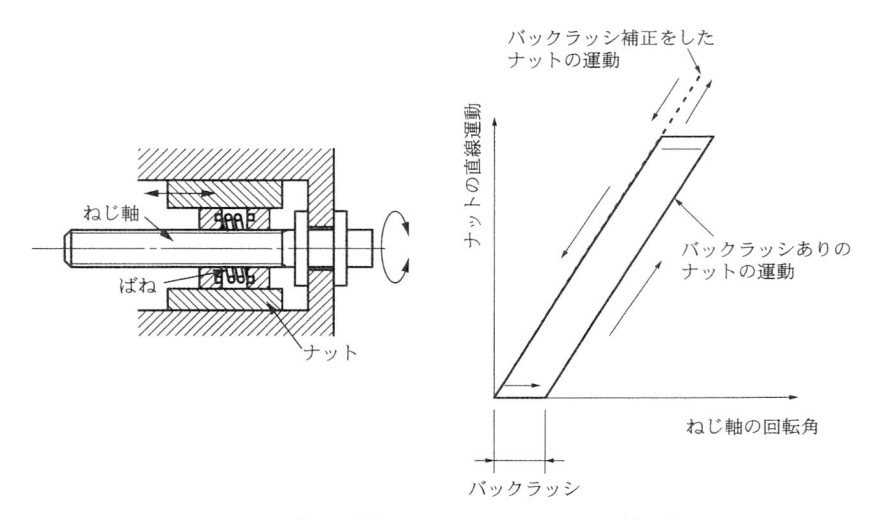

図 2.20 すべりねじにおけるバックラッシの補正値

おねじの回転に応じた動きをしない。したがっておねじの回転とめねじの位置を対応させたいときは，図 2.20 に示すように，ばねなどを用いてナットを一方向に押しつけるなどしてバックラッシを補正する機構を付ける必要がある。

2.9.2　ボールねじ　(JIS B 1192 : 1997)

ボールねじは，「ねじ軸とナットがボールを介して作動する機械部品」と定義されている。図 2.19(d)[2] に示すように，ねじ軸（おねじ）とナット（めねじ）の間に玉を介在させることにより，転がり摩擦を用いて送りねじを構成したものであり，すべりねじに比べ，低摩擦で高速の送りが可能である。図に見られるように，鋼球は，ねじ軸の回転とともに，ナット内に設けられたリターンチューブを通って循環するようになっている。このため，鋼球とねじ軸面，ナット面の間には，多少のすべりは存在するもののほとんど転がり摩擦のみが回転する際の抵抗として働く。

(1)　ボールねじの特徴

図 2.21 にボールねじを工作機械のテーブル駆動に使用した例を示す。ボールねじでは，ねじ軸を支持するための軸受にも鋼球を用いた転がり軸受が使われる。したがってボールねじは，次のような長所を持っている。

①　ボールねじの摩擦係数は 0.002〜0.004 と大変小さく，駆動トルクやトル

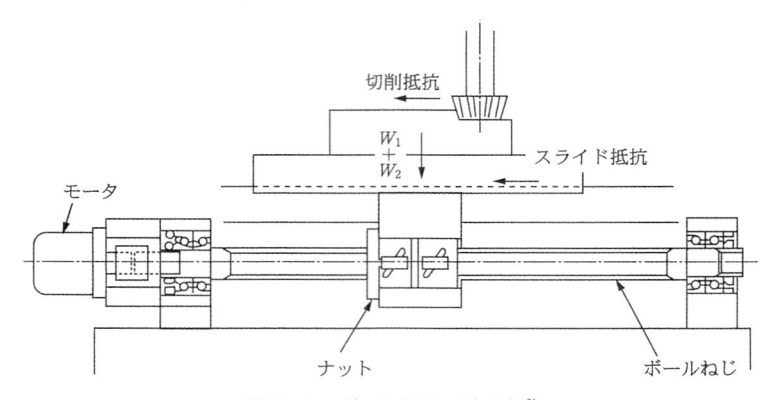

図 2.21　ボールねじの使用例[2]

ク変動も大変小さい。したがってテーブルなどの精密な位置決めが可能である。
② 転がり接触を利用していることから，静・動摩擦係数の差が小さい。このため，静・動摩擦係数の差が大きい場合に生ずるテーブルなどの送り方向の振動的な動き（スティック・スリップ）を生じない。
③ ナットとねじ軸間に入る鋼球を押しつぶすような力（予圧と呼ぶ）を，少し加えることにより，ガタをなくすことができる。したがって，すべりねじのようなバックラッシ補正を必要としない。
④ JIS により規格化されているので，設計者は，設計仕様に合うボールねじを選定するのみでよい。

ボールねじは，上記のような長所を持つ反面，下記のような短所を持つことを知っておく必要がある。
① 耐衝撃性および減衰性が小さい。
② ほこりなどが鋼球とねじ面間に混入した場合には，ねじ面などが損傷を受けやすい。したがってボールねじ内に異物が混入しないように注意する必要がある。
③ 摩擦係数が小さいために，セルフロック機能が小さいので，テーブルに力が加わった場合など，ブレーキやクラッチなど逆転防止のための補助機構を必要とする。
④ ねじ軸が高速に回転する場合には，騒音，発熱が大きくなる。

(2) ボールねじの規格

ボールねじには，位置決め用ボールねじと搬送用ボールねじがある。これらのねじは，ねじ軸を回転させた場合のナットの運動精度や各部の寸法精度によって精度等級が JIS B 1192 に規定されている。

位置決め用ボールねじは 2 種類の系列が規定されており，従来の JIS 規定にならった C 0，C 1，C 3，C 5 級と ISO の規定にならった Cp 1，Cp 3，Cp 5 級がある。

搬送用ボールねじは搬送用なので，位置決め用ボールねじに比べて，誤差の

範囲を規定されている箇所が少ない。Ct 1, Ct 3, Ct 5, Ct 7, Ct 10 級の 5 段階が規定されている。

いずれのボールねじも精度等級の数の小さい方が精度がよい。なお，従来の JIS にならった規定の方が許容値が厳しくなっており，日本のメーカーは，JIS にならった精度のボールねじを市販している。

(3) ボールねじの取り付け方

ボールねじの取り付けは，ねじ軸に加わる荷重による軸の座屈や軸の危険速

座屈荷重：固定－固定（記号 C）
危険速度：固定－固定（記号 G）

(a) 右側転がり軸受固定

座屈荷重：固定－固定（記号 C）
危険速度：固定－支持（記号 F）

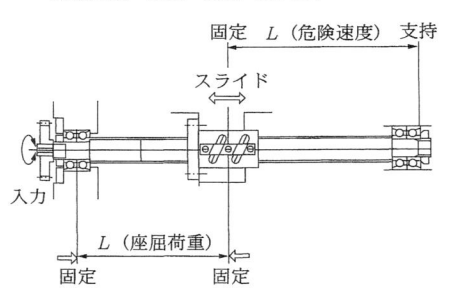

(b) 右側転がり軸受支持

座屈荷重：固定－固定（記号 C）
危険速度：固定－自由（記号 H）

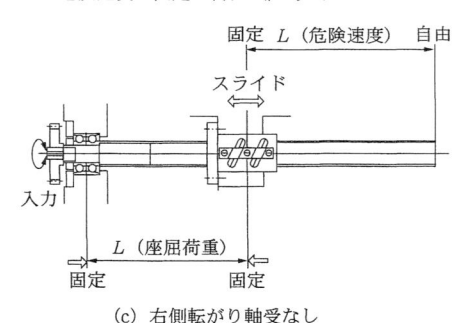

(c) 右側転がり軸受なし

図 2.22 ボールねじの取り付け法[2)]

度を考慮して行われるが，その設計手順については，メーカーカタログなどに明記されている．**図2.22**には，代表的なボールねじの取り付け方を示す．図に見られるように，ボールねじは転がり軸受によって支持されるが，ねじ軸の両端をともに固定する方式(a)，片側を軸方向に移動可能とした方式(b)，片側のみ軸受で支持する方式(c)がある．固定→支持→自由の順にねじ軸の曲げ剛性が低下する．

　ねじ軸の支持に使用する転がり軸受についてはカタログ中に指示されているので，設計者はそれにしたがって転がり軸受の取り付けハウジングを準備すればよい．ただし，取り付けハウジングの設計は，設計者に任されるので，十分な剛性を持つように配慮する必要がある．

2.9.3　静圧ねじ

　静圧ねじは，ねじ軸とナットの間に作った数十 μm のすきまに，加圧した油や空気を強制的に入れることによって，ねじ軸とナットを非接触に保つことのできるねじである．ねじ軸とナットが接触しないことから，その間の摩擦係数はほとんどゼロである．そのうえ，固体接触しないので，運動精度が大変高い．そのため，超精密加工機や半導体製造装置用の位置決め機構に用いられている．

　図2.19(e)(62頁)に，静圧空気ねじの構造の一例を示した[3]．この静圧空気ねじは，多孔質材という無数の小さな穴があいている材料を用いており，100 $N/\mu m$ の剛性を持つと報告されている．この種のねじを用いる場合には，送りテーブルの支持も静圧空気軸受によって行うのが普通である．

参考文献

1)　山本晃：ねじのおはなし，日本規格協会
2)　日本精工カタログ
3)　http://www.ntt-at.co.jp/product/screw/index.html

コラム 2

ボールねじの歴史

　「モナリザの微笑み」を描いたレオナルド・ダ・ビンチは，いろいろな機械や機械要素をその手稿の中に描いていることでも知られている。しかし，送りねじ機構や転がり軸受を発想した天才ダ・ビンチも，これらを組み合わせたボールねじについては，何のスケッチも残していない。

　ボールねじは，1874年になって米国特許（特許番号155,862）に現れており，プレス機械用ねじとしてC. W. Crenshawが考案している。代表的な機械要素であるねじや歯車，軸受の起源が，紀元前であることを思うと，ボールねじはきわめて最近に現れた機械要素といえる。しかしボールねじが多用され，注目され始めたのは，1955年にGMが自動車のステアリング装置（ハンドルで車輪の方向を変える機構）に使用してからである。Crenshawの特許から，80年を経てボールねじは，ようやくその活躍の場を見いだしたのである。

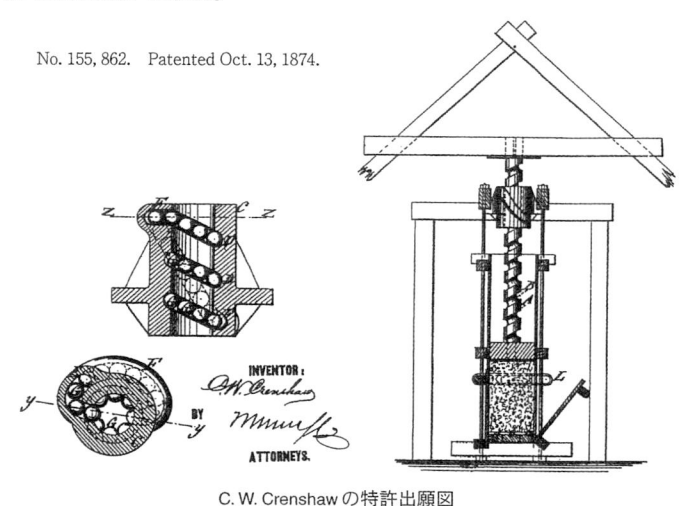

C. W. Crenshawの特許出願図

第3章
軸系要素

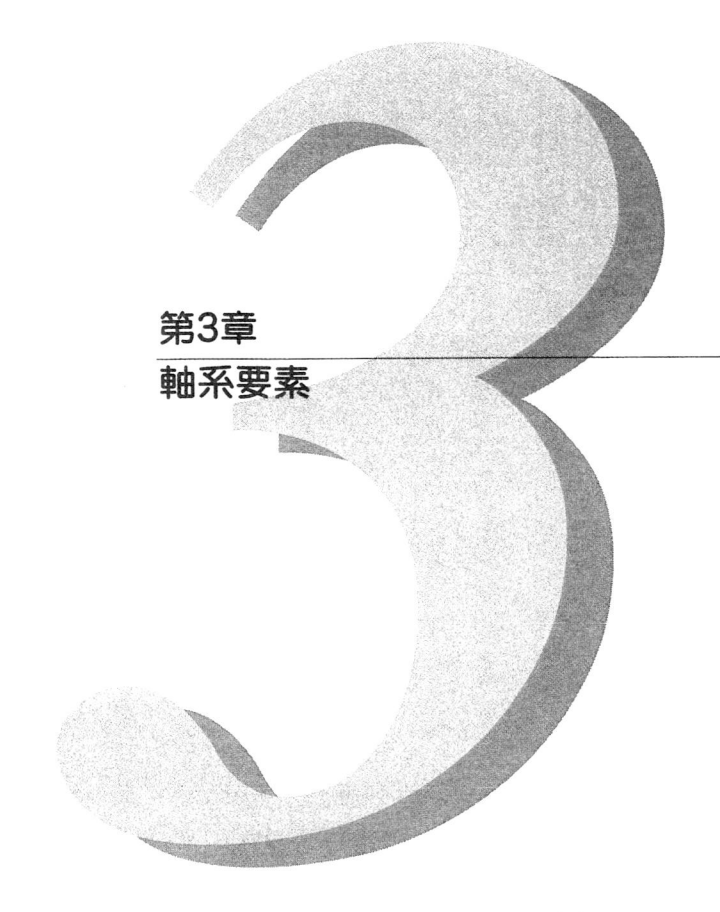

軸を用途別に分類すると，伝動軸，車軸，スピンドル，たわみ軸がある。軸継手は，つなぎ合わせる2軸の位置関係をもとに分類すると，固定軸継手，たわみ軸継手，自在軸継手などがある。

軸や軸継手は，ほとんどの機械に組み込まれている基本的な機械要素であるので，設計者は，それぞれその特性等を知り，適切な選択をしなければならない。

3.1 軸とは

機械は，その目的とする仕事を果たすために，普通，モータなどの動力源(原動機)を持っている。**図3.1**に示すように，軸は，このような原動機からの動力を機械内に伝達することを主目的とした回転する棒状の部材をいう。また軸継手は，原動機と軸などをつなぐための機械要素をいう。

軸や軸継手は，ほとんどの機械に組み込まれる基本的な機械要素であるので，設計者は，その設計方法を十分身につけておく必要がある。

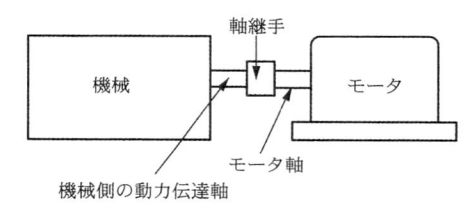

図 3.1 軸系要素

3.2 軸の種類

軸には，いろいろな形状や役割があるが，軸を用途別に分類すると次のようになる。

(1) 伝動軸
　回転することで動力を伝えることを主目的とする軸を伝動軸という。たとえば，自動車のエンジンの動力をタイヤへ伝達するための軸(プロペラシャフト)や**図3.2**(a)に示すようなモータの出力軸など。

(2) 車軸
　物を支持することを目的としており，回転しても動力を伝達することを目的としないような軸を車軸という。電車の車体を支持する軸（図3.2(b)）など。

(a) モータ軸（伝動軸）[1]

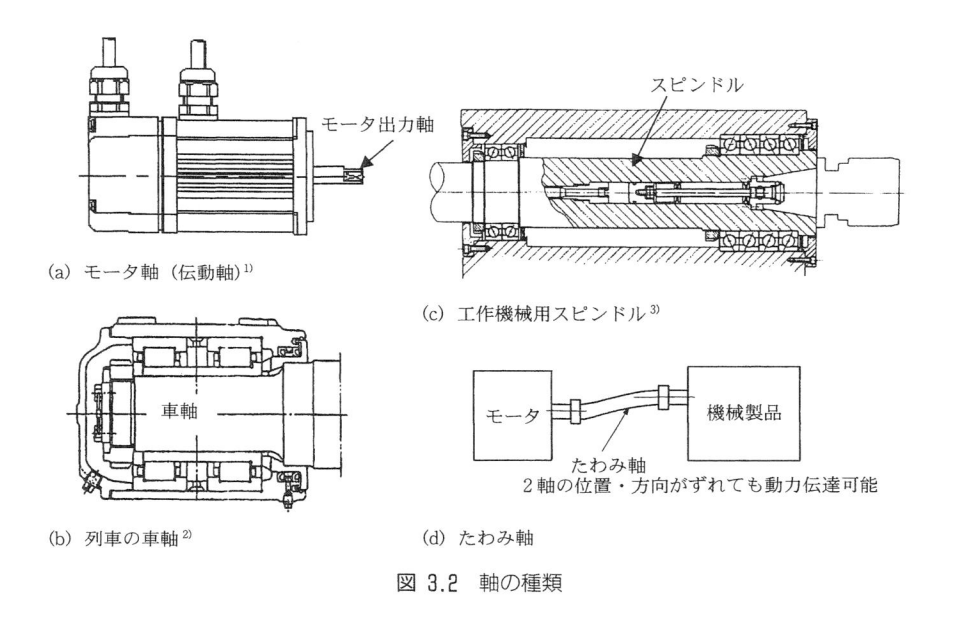

(b) 列車の車軸[2]

(c) 工作機械用スピンドル[3]

(d) たわみ軸

図 3.2　軸の種類

(3) スピンドル

動力を伝えながら回転し, 種々の作業を行うための軸をスピンドルという(図3.2(c))。実際の作業を行うので, それに応じた強度や精度を必要とする。たとえば, 工作機械の加工用軸, 計測器の測定用軸, ハードディスクの回転軸など。

(4) たわみ軸

伝動軸にたわみ性を持たせることにより, 動力の伝達方向を変化させるための軸をいう (図3.2(d))。比較的小さな動力を伝達する軸である。

3.3　軸の標準寸法と規格 (JIS B 0901 : 1977)

軸の直径は, 軸が伝達する動力の大きさや軸に許される変形量によって, 設計者が, 適宜決定しなければならない。しかし動力を伝達する軸には, 軸を支持するための軸受や, 原動機とつなぐ軸継手などの付属部品を取り付ける必要

がある。そのため軸寸法は，ある程度標準とすべき寸法がJISに規定されている。設計者は，軸の標準寸法から値を選択することによって，このような付属部品を標準品の中から選ぶことができるようになる。JISには，4～630 mmまでの軸の標準寸法が規定されており，**表 3.1** にその一例を示す。

表 3.1 軸径の規格（JIS B 0901 による）

(単位：mm)

軸径	(参考) 軸径数値のより所					軸径	(参考) 軸径数値のより所					軸径	(参考) 軸径数値のより所				
	標準数			円筒軸端	転がり軸受		標準数			円筒軸端	転がり軸受		標準数			円筒軸端	転がり軸受
	R5	R10	R20				R5	R10	R20				R5	R10	R20		
4	○	○	○		○	10	○	○	○	○	○	40	○	○	○	○	○
						11				○		42				○	
4.5			○			11.2			○			45			○	○	○
						12				○	○	48				○	
						12.5		○	○			50		○	○	○	○
5		○	○		○							55				○	
5.6			○			14						56			○	○	○
						15					○						
6	○	○	○	○	○	16	○	○	○	○	○	60	○	○	○	○	○
						17					○						
6.3	○	○	○			18			○	○		63	○	○	○		
						19				○							
						20		○	○	○							
						22					○	65				○	○
7				○	○	22.4			○			70				○	○
7.1			○									71			○	○	
						24				○		75				○	○
8		○	○	○	○	25	○	○	○	○	○	80	○	○	○	○	○
												85				○	
9			○	○		28			○	○		90			○	○	○
						30				○	○	95				○	
						31.5		○	○								
						32				○							
						35				○	○						
						35.5			○								
						38				○							

表中に使われているR5, R10, R20などの記号は，標準数と呼ばれる等比数列を表している。

たとえば，R10の数列は，公比 r が $\sqrt[10]{10}$ である数列を示しており，
$r^0=1.00$, $r^1=1.25$, $r^2=1.60$, $r^3=2.00$, ……………………, $r^9=8.00$,
$r^{10}=r^{(0+10)}=r^0\times r^{10}=1\times 10.0=10.0$, $r^{11}=r^1\times r^{10}=1.25\times 10.0=12.5$,
………………………………………………………………………, $r^{19}=80.0$,

という数列になる。よって r^{10}〜r^{19} の値は，r^0〜r^9 の10倍の値になるだけであり，簡単に記憶できる。標準数は，数値が小さいと刻み幅も小さく，大きくなると刻み幅も大きくなる。また，標準数を使うことにより，部品などの標準化に役立てることができる。

3.4 軸の材料

軸は動力を伝達したり物を支持したりする役割を持つので，軸材料には強さが必要とされる。一般には，炭素鋼や合金鋼が用いられる。また，軸表面に硬度（硬さ）を必要とする場合や軸表面の摩擦，摩耗を防止する場合には，焼入れや表面硬化処理などの熱処理を行うのが一般的である。HDD用スピンドルやVTR用シリンダ軸などの精密小径軸には，ステンレス鋼（SUS 420 J 2, SUS 304など）が使用される場合が多い。

表3.2に，軸材料の種類と降伏点，引張り強さを示す。軸材を選ぶ場合の目安を以下に示す。

(1) 加工性とコストを重視する場合

一般構造用圧延鋼材やみがき棒鋼材，S 10 C〜S 30 Cの構造用炭素鋼が多用される。みがき棒鋼はSGD ○○○-Dと表示されるが，最後の記号Dは，冷間（常温）で加工されたことを示している。

(2) 高荷重，高速回転で使用する場合

S 40 C〜S 50 Cおよび合金鋼の熱間圧延材（高温で鋼を圧延した材料）が多用

表 3.2 軸に使用されるおもな材料

材料の名称		種類記号	Cの含有量 [%]	降伏点または耐力 [N/mm²]	引張り強さ [N/mm²]	JIS
一般構造用圧延鋼		SS 400	…	175～205	400～510	G 3101
みがき棒鋼		SGD 400-D	…	215～245	400～510	G 3123
機械構造用炭素鋼		S 10 C～S 25 C	0.08～0.28	205～265	310～440	G 4051
		S 30 C～S 40 C	0.27～0.43	335～440	540～610	
		S 45 C～S 55 C	0.42～0.58	490～590	610～780	
ニッケルクロムモリブデン鋼		SNCM 220 ～ SNCM 447	0.17～0.23 ～ 0.44～0.50	785 (SNCM 240) ～ 930	830 ～ 1030	G 4103
クロム鋼		SCr 415 ～ SCr 445	0.13～0.18 ～ 0.43～0.48	635 (SCr 430) ～ 835	780 ～ 980	G 4104
クロムモリブデン鋼		SCM 415 ～ SCM 445	0.13～0.18 ～ 0.43～0.48	685 ～ 885	830 ～ 1030	G 4105
ステンレス鋼	オーステナイト系	SUS 304 SUS 316	0.03～ 0.08以下	205 以上	480～ 550	G 4303
	マルテンサイト系	SUS 410 SUS 420 J 2	0.15以下 0.26～0.4	345 540	540 740	

される．通常，加工を施した後，熱処理をして使用する．熱処理とは，鋼材を高温から急激に冷やしたうえ，ひずみを取り除いたり(焼入れ・焼戻し)，軸表面の炭素量や窒素量を増す（浸炭，窒化）など，鋼の引張り強度や硬度を増すための処理をいう．

（3） 耐摩耗性，疲れ強さが必要な場合

S 45 C，SCr 430～440，SCM 430～440 などを高周波焼入れ(高周波を利用して軸の表面のみ焼入れ処理) して使用することが多い．

なお，鋼の場合，種々の金属元素を混入することで引張り強さを高めることはできるが，合金鋼においても，縦弾性係数や横弾性係数は一般構造用鋼とほとんど変化しない．したがって，軸の変形量のみが問題となるような場合には，特に合金鋼を使用する必要はない．

3.5 軸の設計

軸は，ねじなどのように規格化されているものが市販されているわけではない。したがって設計者は，軸に加わる力や軸に求められる性能を考慮して軸形状や材質を選定しなければならない。軸には，動力を伝達したり荷重を支持したりするために，種々の力が加わる。軸に加わる力の例を図 3.3 に示す。

① ねじりモーメント（回転トルク）：軸の回転方向に加わる力であり，軸にねじり変形を生じさせる。
② 曲げモーメント：軸線に直角方向に加わる力であり，軸に曲げ変形を生じさせる。
③ 軸力：軸方向に加わる力であり，軸の伸び，あるいは縮み変形を生じさせる。
④ 組み合わせ力：実際の軸には，ねじりモーメントのみ，曲げモーメントのみが加わる場合は少なく，これらを組み合わせた力が作用する場合が普通である。この場合の変形は，各方向の力に見合った変形が各方向に生ずる。

軸の設計に際しては，これらの力を考慮して軸が破損しないように，あるいは軸の変形量が一定の値以下になるように軸直径などを計算し，各部寸法を決定する。以下にこれらの力が加わる軸の寸法の求め方を述べる。

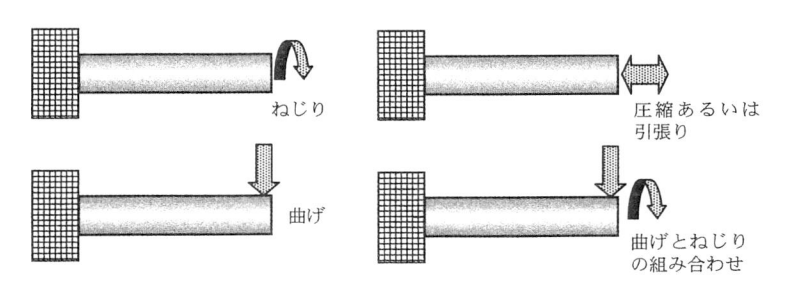

図 3.3 軸に加わる力の種類

3.5.1 軸の許容応力による軸直径決定法

一般モータ軸などのように多少の変形を許しても，破損に至らなければよい場合には，軸の寸法は，軸材料の許容曲げ応力や許容ねじり応力から決定される。これらの許容応力は，これ以下の応力が軸に加わっている場合には，軸が破損する恐れがないという目安の応力であり，強さが既知の鋼については，それぞれ次のような式で与えられる[4]。

許容曲げ応力 $(\sigma_a) ≒ 0.36 ×$ 引張り強さ

許容ねじり応力 $(\tau_a) ≒ 0.18 ×$ 引張り強さ

(1) ねじりモーメント T [Nm] を受ける軸の直径 d_0 [m] を求める式

$$d_0^3 = 16T/\{\pi\tau_a(1-k^4)\} \tag{3.1}$$

ここで，$k = d_i/d_0$，d_i は中空軸の場合の穴直径。

(2) 動力 L [W] と回転数 n [rpm] からトルク T [Nm] を求める式

$$T = L \times 60/2\pi n \tag{3.2}$$

(3) 曲げモーメント M [Nm] を受ける軸の直径 d_0 [m] を求める式

$$d_0^3 = 32M/\{\pi\sigma_a(1-k^4)\} \tag{3.3}$$

(4) ねじりモーメント T [Nm] と曲げモーメント M [Nm] をともに受ける軸の直径 d_0 [m] を求める式

この場合には，ねじりモーメントと曲げモーメントが互いに影響し合うため，相当ねじりモーメント T_e [Nm] と相当曲げモーメント M_e [Nm] を求め，その値を用いて，それぞれのモーメントに対応する軸直径 d_{T0} [m]，d_{M0} [m] を求める。その後，d_{T0} と d_{M0} を比較し，大きい寸法の方を軸直径 d_0 [m] として選定する。

$$T_e = \{(k_mM)^2 + (k_tT)^2\}^{1/2} \tag{3.4}$$

$$M_e = 0.5 \times (k_mM + T_e) \tag{3.5}$$

表 3.3　ねじりモーメントおよび曲げモーメントに対する安全係数 K_t, K_m

荷重の種類	回転軸		静止軸	
	ねじり k_t	曲げ k_m	ねじり k_t	曲げ k_m
静荷重またはごく緩徐な変動荷重	1.0	1.5	1.0	1.0
変動荷重，軽い衝撃荷重	1.0〜1.5	1.5〜2.0	1.5〜2.0	1.5〜2.0
激しい衝撃荷重	1.5〜3.0	2.0〜3.0		

$$d_{T0}{}^3 = 16T_e / \{\pi\tau_a(1-k^4)\}, \quad d_{M0}{}^3 = 32M_e / \{\pi\sigma_a(1-k^4)\} \tag{3.6}$$

ここで，k_m, k_t は，軸に加わる荷重の種類による安全係数で，回転軸と静止軸に対して**表 3.3** のように与えられる。

例として，動力 10 kW，1400 rpm の動力を伝達できる中実丸軸（直径 d_0）の計算法を以下に述べる。

軸材料としては，SS 400 を使用するとすると，許容ねじり応力 τ_a は，

$$\tau_a = 0.18 \times 400 = 72 \text{ MPa}$$

となる。式 (3.2) を用いて，動力からトルクを求めると，

$$T = L \times 60 / 2\pi n = 10000 \times 60 / (2 \times 3.14 \times 1400) = 68 \text{ [Nm]}$$

となる。式 (3.1) にトルクの値を代入して，軸直径 d_0 を求めると，

$$d_0 = \sqrt[3]{\frac{16T}{\pi\tau_a}} = \sqrt[3]{\frac{16 \times 68}{\pi \times 72 \times 10^6}} = 0.0169 \text{ [m]}$$

となる。よって標準軸寸法表 3.1 より，転がり軸受で軸を支持する場合には，$d_0 = 17$ [mm]，軸を他の軸と接続するような場合には，$d_0 = 18$ [mm] を用いることとする。

3.5.2　変形量による軸直径決定法

軸に荷重が加わった場合，ある一定以上の変形をすると，軸と周辺部と接触したり，振動的な回転となったりする場合がある。そのような場合には，軸が一定以上の変形をしないように軸寸法を決定しなければならない。

（1）ねじりモーメント T [Nm] による変形を受ける長さ l [m] の軸の直径 d_0 [m] を求める式

軸の用途によって，1 [m] あたりのねじれ角 θ [rad] が定められている。変動荷重を受ける一般の軸については，1 [m] あたりのねじれ角が $0.25° = 4.363 \times 10^{-3}$ [rad] 以下となっている。よって，このような条件を満足する軸直径は，以下のように与えられる。

$$\begin{aligned} d_0{}^4 &= [32\,T/\{\pi G(1-k^4)\}] \cdot (l/\theta) \\ &= 32 \cdot (1000/4.363 \times 10^{-3})/(3.14 \times 79 \times 10^9) \cdot T/(1-k^4) \\ &= 5.63 \times 10^{-7} \times T/(1-k^4) \quad [\mathrm{m}^4] \end{aligned} \quad (3.7)$$

ここで，G は横弾性係数であり，鋼では 79 [GPa] で与えられる。

（2）軸受間距離 l [m] の中心に加わる荷重 W [N] による変形を受ける軸の直径 d_0 [m] を求める式

軸の用途によって，1 [m] あたりのたわみ量 δ [m] が定められている。変動荷重を受ける一般の軸については，1 [m] あたりのたわみ量が約 0.3 [mm] 以下となっている。このような条件を満足する軸直径は，以下のように与えられる。

$$\begin{aligned} d_0{}^4 &= [64\,Wl^2/\{48\pi E(1-k^4)\}] \cdot (l/\delta) \\ &= 64 \cdot (1000/0.3)/(48 \times 3.14 \times 206 \times 10^9) \cdot Wl^2/(1-k^4) \\ &= 6.87 \times 10^{-9} \times Wl^2/(1-k^4) \quad [\mathrm{m}^4] \end{aligned} \quad (3.8)$$

ここで，E は縦弾性係数であり，鋼では 206 [GPa] で与えられる。

3.5.3 応力集中

軸には，動力を伝達するためや軸を支持するための付属品を取り付ける必要がある。そのため，軸は径が同じ真直な軸ではなく，軸の途中に段を付けたり，他の軸とつなぎ合わせるためのキー溝を加工したりする。ところが，軸の直径が変化したり，溝が付いている箇所に力が加わった場合には，真っ直ぐな軸に加わった場合に比べ，その部分に大きな応力が生ずる。図 3.4 に，段付き軸にねじりモーメントが加わった場合のせん断応力の分布概念図を示す。図に示すように，段の付いた部分のせん断応力が，他の部分に比べ大きくなっていることが分かる。これを応力集中という。

図 3.5(a)，(b) は，段付き軸にねじりあるいは曲げモーメントが加わった場

図 3.4 段付き軸の応力集中

(a) ねじりモーメントが加わった場合

(b) 曲げモーメントが加わった場合

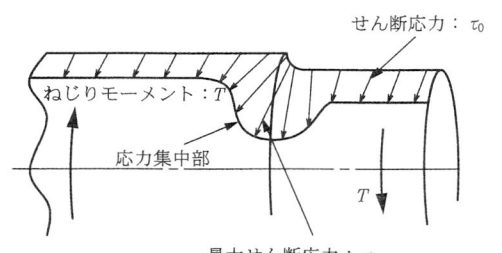

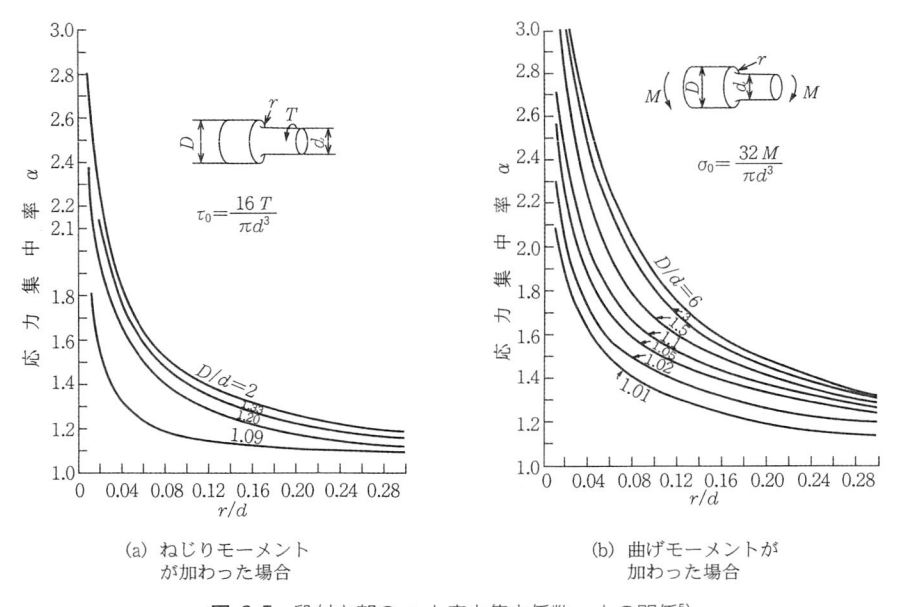

図 3.5 段付き部の r と応力集中係数 α との関係[5]

合に，段がない場合に比べ何倍程度大きな集中応力が生じるかを示したものである。すなわち，縦軸の応力集中係数 α は，

α(応力集中係数) = (段がある場合の最大せん断応力 τ_{max}) /
(段がない場合のせん断応力 τ_0)

あるいは，

α(応力集中係数) = (段がある場合の最大曲げ応力 σ_{max}) /

(段がない場合の曲げ応力 σ_0)

という形で与えられる。

　横軸には，軸径 d と段付き部の丸みの半径 r の比 r/d が取られている。d を一定とした場合，段付き部の r の値が小さくなるにつれ，最大応力の値が急激に大きくなることが分かる。この最大応力が，曲げやせん断の許容応力を超えると，その部分に変形や亀裂を生じ，ついには軸の破断を引き起こす場合がある。よって比較的大きな力が加わるような軸の設計においては，応力集中に関して十分な配慮を行ない，段付き部などには適当な丸みをつける必要がある。

3.5.4　危険速度の算出

　タービンの軸や工作機械の軸など，高速で回転する軸の場合，1次の曲げの共振周波数を超えて運転しなければならない場合がある。共振周波数近傍で軸を回転させると，軸の振れまわりが大きくなり，軸が周辺の壁に触れたり，軸自身が曲がってしまったり，機械を損傷するおそれがあるため，この速度を危険速度という。したがって，軸を高速で回転させる場合には，危険速度についての検討が必要であり，危険速度の上下20%以内の回転速度での運転を避けなければならない。軸材を鋼とした場合，以下に示すような条件における危険速度の計算式は次のようになる。

（1）　質量 m_1 [kg] の円筒軸の危険速度 ω_{c1} (rad/sec) の計算式（図 **3.6**(a)）
$$\omega_{c1}{}^2 = 97.4\pi E d_0{}^4/64 m_1 L^3 = 9.85 \times 10^{11} \times d_0{}^4/m_1 L^3 \qquad [(\text{rad/sec})^2]$$

(a) ω_{c1}

(b) ω_{c2}

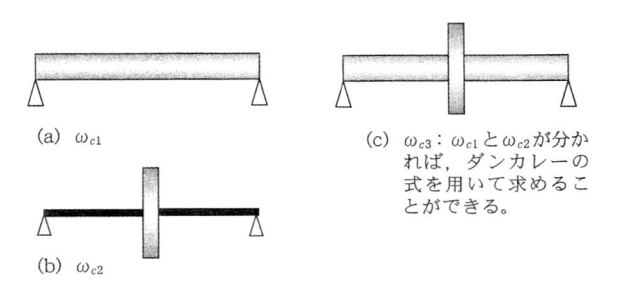

(c) ω_{c3}：ω_{c1} と ω_{c2} が分かれば，ダンカレーの式を用いて求めることができる。

図 3.6　危険速度と軸形状

(3.9)

ここで，L は軸受間距離 [m]，E は縦弾性係数で 206 [MPa] である。

（2） 軸の質量に比較して軸に取り付けられた円板の質量 m_2 [kg] がかなり大きい場合の危険速度 ω_{c2}(rad/sec) の計算式（図 3.6(b)）

$$\omega_{c2}{}^2 = 48\pi E d_0{}^4/64 m_2 L^3 = 4.85 \times 10^{11} \times d_0{}^4/m_2 L^3 \qquad [(\text{rad/sec})^2]$$

(3.10)

（3） 質量 m_1 [kg] の円筒軸の中央に質量 m_2 [kg] の円板が取り付けられた場合の危険速度 ω_{c0}(rad/sec) の計算式（図 3.6(c)）

このような場合には，ダンカレーの実験式を用いる。図 3.6(c) にしめすような形状の軸の危険速度は，式 (3.11) に与えられるダンカレーの実験式によって，図 3.6(a)，(b) に示す軸の危険速度から求めることができる。

$$\frac{1}{\omega_{c0}{}^2} = \frac{1}{\omega_{c1}{}^2} + \frac{1}{\omega_{c2}{}^2}$$

(3.11)

3.6 軸継手

3.6.1 軸継手の種類

回転軸を原動機の軸と接続し動力を伝達する場合には，軸継手が使われる。軸継手を用いて 2 軸をつなぐ場合，2 軸の位置関係には**図 3.7** に示すような誤差が考えられる。なお，軸の中心をつないだ線を軸心という。

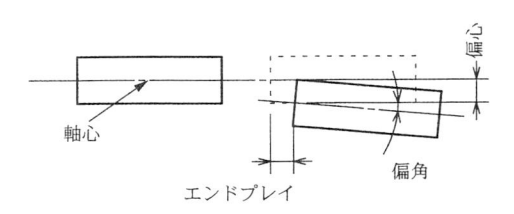

図 3.7 軸継手の連結において生じる誤差の種類

表 3.4 軸継手の種類

2軸の位置関係	軸継手の分類		形式
2軸が同一線上にあるもの	固定軸継手		フランジ形固定軸継手（JIS B 1451） 筒形軸継手
2軸がほぼ同一線上にあるもの	たわみ軸継手	補正型	歯車形軸継手（JIS B 1453） ローラチェーン軸継手（JIS B 1456）
		弾性型	フランジ形たわみ軸継手（JIS B 1452） ゴム軸継手（JIS B 1455） 金属ばね軸継手
2軸が平行で偏心しているもの			オルダム軸継手
2軸がある角度で交わるもの	不等速形		こま形自在継手（JIS B 1454） フックの自在継手
	等速形		バーフィールド形自在継手など

偏心：2軸の軸心は平行に保たれているが，一直線上にない場合

偏角：2軸の軸心が平行でなく，角度を持って交わる場合

エンドプレイ：2軸の軸心の平行および交差角は零に保たれているが，軸方向の取り付け位置にずれがある場合

以上のような誤差は常に存在すると考えるのが普通であり，軸継手には，このような誤差が多少存在しても，動力を問題なく伝達できることが要求される。また，このような軸心間のずれを軸継手によって補正することで，回転軸に加わる曲げモーメントや繰り返し荷重を低下させることができる。軸継手の種類を，つなぎ合わせる2軸の位置関係をもとに分類すると**表 3.4**のようになる。

（1）固定軸継手（**図 3.8**(a)）

この種の軸継手として代表的なものに，フランジ型固定軸継手がある。固定軸継手は，2軸をねじやピンを用いて完全に固定して一体化する。したがって，回転のずれがなく確実に動力および運動を伝達できる。おもに低速用として使用されるが，2軸の軸心あわせをある程度正確に行う必要がある。

（2）たわみ軸継手（図 3.8(b)，(c)）

たわみ軸継手には，すきまやすべりで接触部の変形を可能とした補正型軸継

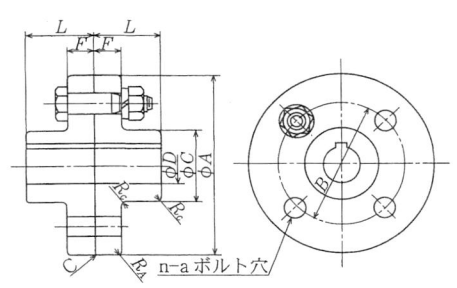

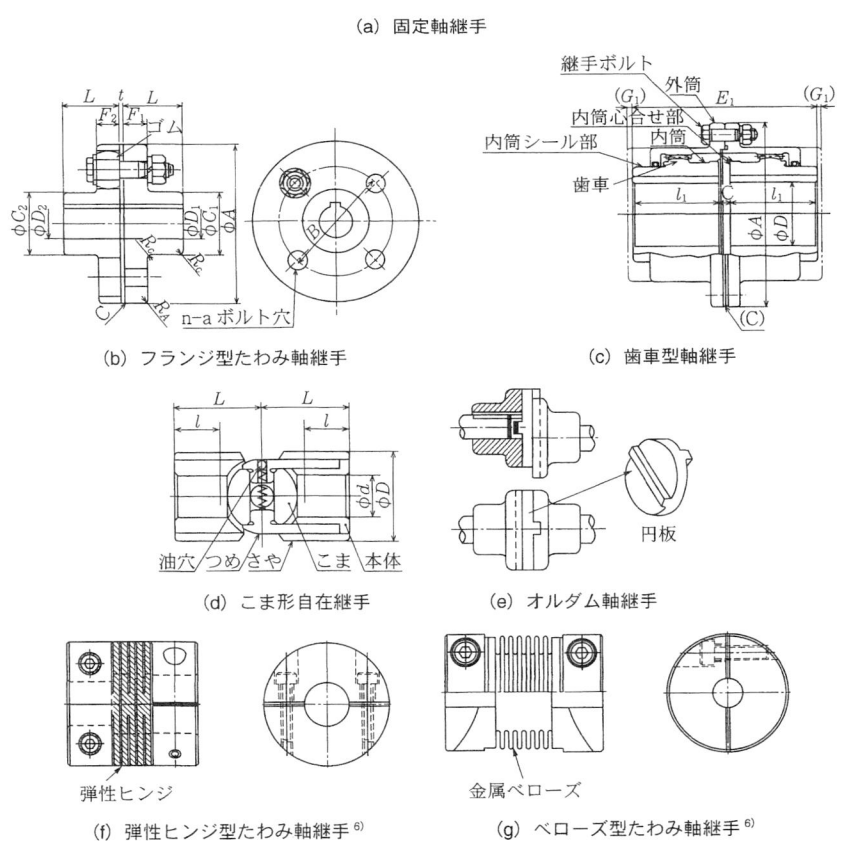

図 3.8　軸継手の種類

(a) 固定軸継手
(b) フランジ型たわみ軸継手
(c) 歯車型軸継手
(d) こま形自在継手
(e) オルダム軸継手
(f) 弾性ヒンジ型たわみ軸継手[6]
(g) ベローズ型たわみ軸継手[6]

手と，軸継手の中にゴムなどの弾性体を介在させた弾性型軸継手がある。たわみ軸継手は，わずかな軸心のずれや振動・衝撃，軸の熱的変形を吸収できる。

（3）　自在軸継手（図3.8(d)）
　2軸が交差していたり，軸心間の狂いが大きい場合に使用される。一定の回転を駆動軸に入力した場合，従動軸の回転が1回転あたりで変動する継手（不等速軸継手）と等速となる継手（等速軸継手：自動車の駆動に使用されている）がある。

（4）　オルダム軸継手（図3.8(e)）
　2軸が平行であるが，軸心がずれている場合に使用される。

（5）　運動伝達用たわみ軸継手（図3.8(f)，(g)）
　OA機器などでは，動力の伝達というよりは，むしろ，正確な運動伝達を必要とする場合が多い。そのような用途に使用される軸継手には，高速回転が可能で，かつ高い精度と剛性が要求される。

　軸継手の選定では，以下のような項目について考慮する必要がある。
　①　伝達トルクの大きさと使用回転数
　②　軸継手に接続する軸の寸法
　③　軸継手に加わる荷重（一定荷重，変動荷重，衝撃荷重）

3.7　キー　(JIS B 1301：1996)

　キーは，図3.9に示すように，軸と軸に取り付けられる軸継手や歯車などの部品を結合し，動力を伝達するための機械要素である。キーおよびキー溝の形状などは，JIS B 1301-1996に規定されている。キーには図3.10に示すような3種類がある。

第3章◆軸系要素

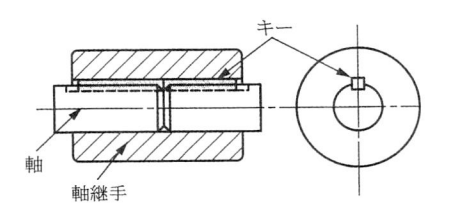

図 3.9 キーの使い方

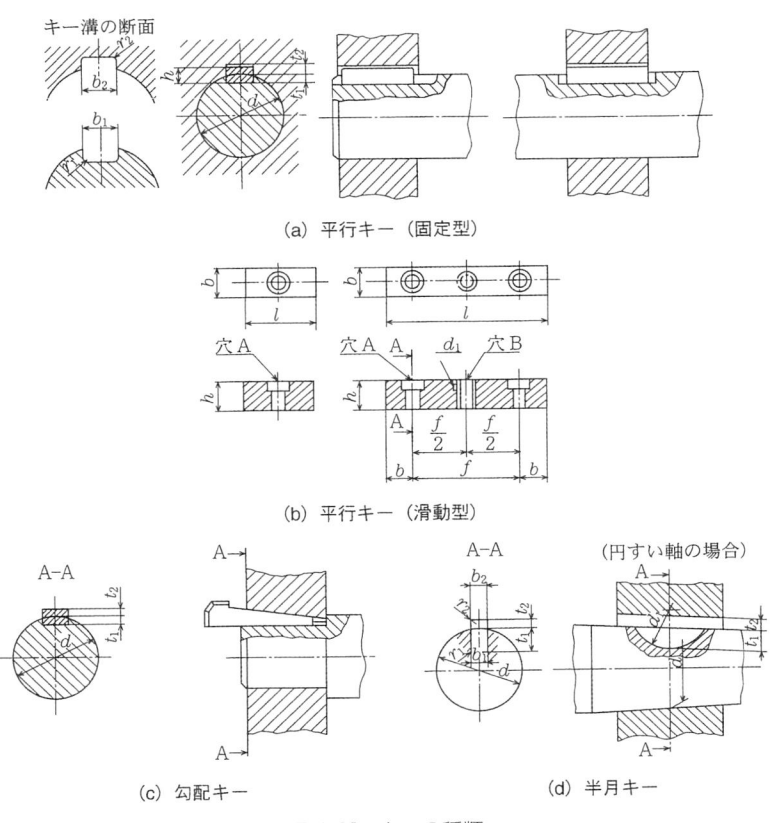

(a) 平行キー（固定型）

(b) 平行キー（滑動型）

(c) 勾配キー　　　　　　　(d) 半月キー

図 3.10 キーの種類

(1) 平行キー

キーの上下面が平行なキーである(図3.10(a),(b))。**表3.5**にJIS規格の一例を示す。表に示すように,JISには,キーの幅と高さが規定されている。キーの長さ l は,軸の直径を d とすると,通常,$l=1.5d$ とする。表には,適応する軸径の目安が示されているが,伝達動力の値により目安の軸径よりも大きい軸に適用しても差し支えない。

平行キーは,キー溝幅の許容範囲の違いにより,滑動型,普通型,締め込み型の3種類がある。一般に滑動型は,軸が軸方向に移動できるように,ボス側

表 3.5 平行キーの規格(JIS B 1301)

(単位:mm)

キーの呼び寸法 $b×h$	b_1およびb_2の基準寸法	滑動形 b_1 許容差(H9)	滑動形 b_2 許容差(D10)	普通形 b_1 許容差(N9)	普通形 b_2 許容差(Js9)	締込み形 b_1およびb_2 許容差(P9)	r_1およびr_2	t_1の基準寸法	t_2の基準寸法	t_1およびt_2の基準寸法	参考 適応する軸径[3] d
2×2	2	+0.025 0	+0.060 +0.020	−0.004 −0.029	±0.0125	−0.006 −0.031	0.08~0.16	1.2	1.0	+0.1 0	6~8
3×3	3							1.8	1.4		8~10
4×4	4	+0.030 0	+0.078 +0.030	0 −0.030	±0.0150	−0.012 −0.042		2.5	1.8		10~12
5×5	5						0.16~0.25	3.0	2.3		12~17
6×6	6							3.5	2.8		17~22
(7×7)	7	+0.036 0	+0.098 +0.040	0 −0.036	±0.0180	−0.015 −0.051		4.0	3.3	+0.2 0	20~25
8×7	8							4.0	3.3		22~30
10×8	10						0.25~0.40	5.0	3.3		30~38
12×8	12	+0.043 0	+0.120 +0.050	0 −0.043	±0.0215	−0.018 −0.061		5.0	3.3		38~44
14×9	14							5.5	3.8		44~50
(15×10)	15							5.0	5.3		50~55
16×10	16							6.0	4.3		50~58
18×11	18							7.0	4.4		58~65

注[3] 適応する軸径は,キーの強さに対応するトルクから求められるものであって,一般用途の目安として示す。キーの大きさが伝達するトルクに対して適切な場合には,適応する軸径より太い軸を用いてもよい。その場合には,キーの側面が,軸およびハブに均等に当たるように t_1 および t_2 を修正するのがよい。適応する軸径より細い軸には用いないほうがよい。

備考 括弧を付けた呼び寸法のものは,対応国際規格には規定されていないので,新設計には使用しない。

のキー溝幅を少し大きめに作るが，キーが軸側のキー溝内を軸方向に移動しないようにねじで固定する形式を用いる。固定式のキーには，止めねじ用の穴と，キーを取り外す際，外しやすいように，ねじ穴を設けるのが普通である。

(2) 勾配キー

片面に 1/100° の勾配を持つキーである(図 3.10(c))。勾配キーは，軸と穴のがたを防ぐために用いられるが，キーの打ち込みにより軸と穴の中心がずれるため，高速・高精度の回転軸には使用できない。取り外しができるようにキー端に突起を設けたキー（頭付き）と，頭なしのキーが規定されている。

(3) 半月キー

半月キーは，片面が半月型のキーである（図 3.10(d)）。キー溝の加工が容易であり，またキー溝に対する傾きが自動的に修正されるため，テーパ軸に多く使用される。ただしキー溝が深く，その分軸剛性が低下するので，大きな荷重が加わる場合には使用されない。

(4) キーの強度

キーは，動力を伝達する要素なので，それに見合った強度を持つことが要求される。キーの強度には，図 3.11 に示すような，せん断強度と面圧強度がある。せん断強度は，キーがキー溝から受ける横からの力によって，破断しない限界の強さであり，面圧強度は，受ける力によってキー端面あるいはキー溝側面が押しつぶされ永久変形を生じない限界の強さである。

キーの大きさを選定する場合には，せん断強度と面圧強度から伝達可能な動

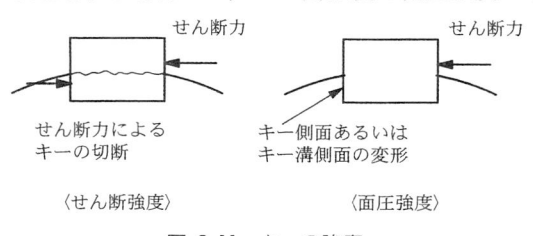

図 3.11 キーの強度

力を求め，設計で必要とする動力を満たしていることを確認することが必要である。

(5) キーの材料

一般には，構造用炭素鋼($S 20 C〜S 45 C$)を用い，引張り強さ $600 [N/mm^2]$ 以上の材料を用いることを JIS では規定している。

参考文献

1) 九州松下電器カタログ
2) 大山忠夫：光洋精工技術レポート No.161（2002）
3) 福田交易カタログ
4) 機械設計便覧，p.559，丸善
5) 石原康正：機械要素設計法，図 4.3，図 4.4，p.132，養賢堂
6) 三木プーリカタログ

コラム 3

金属疲労とは？

金属疲労が原因で大きな事故を引き起こした例は，数多く報告されている。大きな事故としては，1987 年に御巣鷹山に墜落した日航機 123 便の例がある。飛行機の圧力隔壁が，多数回の飛行を繰り返す中で疲労破壊し，それが原因で引き起こされた痛ましい事故である。また高速増殖炉「もんじゅ」の事故も，温度計を挿入していた部品の疲労破壊が原因である。事故を起こす以前の温度計挿入部品には，段付き部に応力集中が生じないように丸みが付けられていたが，事故を起こした物には，この丸みが付けられていなかった。そのため，液体ナトリウムの流れによって生じる挿入部品の振動によって段付き部が疲労破壊し，そこから液体ナトリウムが漏れだしたのである。

このように金属の疲労破壊は，重大な事故を引き起こす場合があり，設計者が十分に考慮すべき重要な項目である。

第4章
転がり軸受と転がり直動案内

物を小さな力で動かすためには，物が動くときの摩擦力をできる限り小さくしなければならない。動かそうとする物体の下に玉あるいはころを入れ，摩擦を低減させる方法のものを転がり軸受あるいは転がり直動案内と呼ぶ。これらは，「機械の米」と呼ばれるほど，機械を作る上で重要な機械要素である。

4.1　軸受の種類と摩擦

軸受とは，字が表すように軸を受ける機械要素である。その働きとしては，軸を支えて，これが回転する，あるいは真直に移動できるようにするものであるが，直線運動を可能とする軸受については，直動案内と呼ぶ場合が多い。

軸を小さな力で動かすためには，軸が動く際に生ずる摩擦力をできる限り小さくしなければならない。物体に働く摩擦を小さくする方法については，紀元前からその方法が知られていた。図 4.1 にその方法を示すが，一つは動かそうとする物体の下にころを入れ，ころが転がることによって摩擦を低減する方法であり，転がり摩擦を利用している。他方は，物体の下に油などの滑りやすくするための流体を入れ，摩擦を低減する方法である。これは，すべり摩擦を利用している。

現在,軸受として使用されているものも,摩擦を低減する方法としてこの 2 種類を用いている。転がり摩擦を利用する軸受を転がり軸受，すべり摩擦を利用する軸受をすべり軸受と呼んでいる。

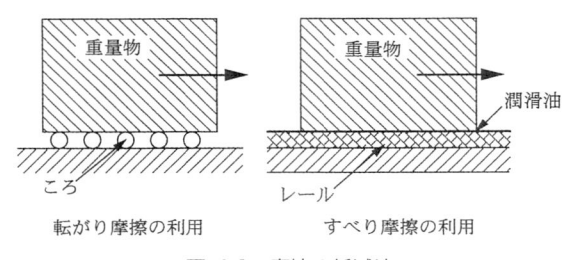

図 4.1　摩擦の低減法

4.2　転がり軸受の構造と種類

現在使用されているような転がり軸受の形状が発想されたのは，15 世紀になってからであり，レオナルド・ダ・ビンチがその手稿の中に描いている。しかし実際に種々の転がり軸受の形式が発明され,使用され始めたのは 18 世紀末か

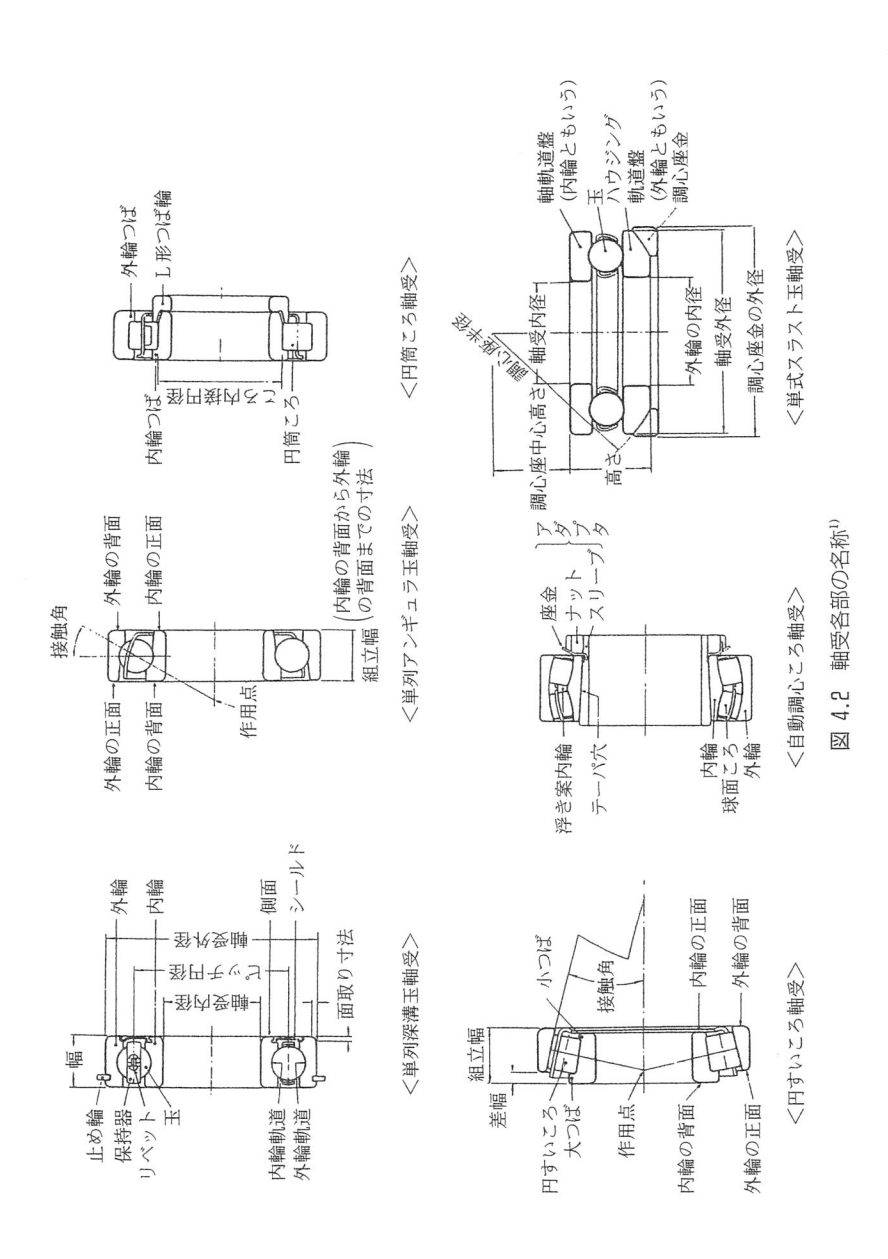

図 4.2 軸受各部の名称[1]

ら19世紀にかけてからである。19世紀当時の転がり軸受の製作は，職人が一つ一つ作り上げており，大変手間のかかるものであった。しかし20世紀初頭，フォード社が世に有名なT型フォードを大量生産するに至って，転がり軸受も大量に生産され始めた。大量生産を機に，転がり軸受の種類，大きさなども規格化され，互換性，経済性を備えた機械要素として種々の機械に広く使用され始めた。現在では，転がり軸受は，「機械の米」といわれるほど，機械を作るうえで重要な機械要素となっている。

4.2.1 転がり軸受の構造

図4.2に，種々の転がり軸受の構造と各部の名称を示す。転がり軸受は，一般には，軌道輪(内輪，外輪)，保持器，転動体によって構成される。軌道輪は，転動体が回転して移動するための部品であり，保持器は，転動体を包み込んで一定間隔に保持するための部品である。転動体には，図4.2に示すように，玉，円筒ころ，円すいころなどの種類があり，用途によって使い分けられているが，一般には，玉ところが多用される。

4.2.2 転がり軸受形式の種類と選定

転がり軸受の種類は，軸受に加わる荷重の方向によって大きく2種類に分類される。図4.3に示すように，軸方向の荷重を受ける軸受をスラスト軸受あるいはアキシャル軸受，半径方向の荷重を受ける軸受をラジアル軸受と呼ぶ。

表4.1に，ラジアル軸受とスラスト軸受の種々の形式を示す。このように多

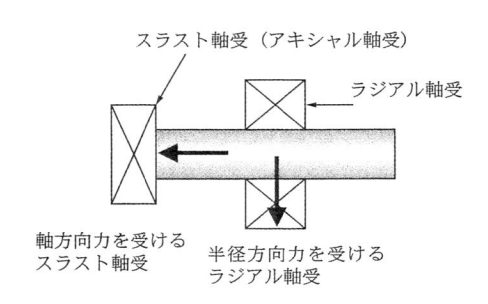

図 4.3　力の方向と転がり軸受の種類

表 4.1 ラジアル転がり軸受とアキシャル転がり軸受の種類

軸受形式 特性	深溝玉軸受	アンギュラ玉軸受	自動調心玉軸受	円筒ころ軸受	片つば付円筒ころ軸受	針状ころ軸受	円すいころ軸受	自動調心ころ軸受	スラスト玉軸受	スラスト円筒ころ軸受
負荷能力 ラジアル荷重 アキシャル荷重	↕	↕	↕	↔	↳	↔	↳	↕	↓	↓
高速回転	4	4	2	4	3	3	3	2	1	1
高回転精度	3	3	2	3	2	1	3		1	
低騒音・振動	4	3		1	1					
低摩擦トルク	4	3		1						
高剛性			2	2	2	2	2	3		3
耐振動・衝撃性			1	2	2	2	2	3		3

4優 ←→ 1劣

スラスト荷重大 高速回転 → 深溝玉軸受
　　　　　　　ラジアル荷重大 スラスト荷重大 → アンギュラ玉軸受
調心性 → 自動調心玉軸受
ラジアル荷重大 → 円筒ころ軸受
　　　　　　　　ラジアル荷重大 スラスト荷重大 → 円すいころ軸受
　　　　　　　　軸受外径小 → 針状ころ軸受
スラスト荷重のみ → スラスト玉軸受
　　　　　　　　　スラスト荷重大 → スラスト円筒ころ軸受

くの転がり軸受の形式の中から仕様に合う形式を選定するためには，表中に示すような手順に従えばよい。

まず深溝玉軸受を考え，この軸受で要求仕様が満足できるかを判断する。軸受に加わる力や軸受に要求される仕様から判断して深溝玉軸受では対応できないようであれば次のステップに進み，他の形式の軸受形式を選定すればよい。

4.3 転がり軸受カタログの見方

表 4.2 に，代表的な転がり軸受である単列深溝玉軸受のカタログ表示の一例を示す。転がり軸受のカタログには，種々の寸法や性能（基本定格荷重，許容回転数など）が示されている。

4.3.1 カタログに表示されている項目

(1) 主要寸法

d, D, B, r は，図 4.4 に示すように，d は軸受内径，D は軸受外径，B は軸受幅，r は軸受角部の丸み半径を示す。

軸受外径 D は，内径 d が同じであっても，転動体の大きさによって異なる値となる。図 4.5 に示すように，転がり軸受外径の寸法系列は，8，9，0，1，2，3，4 の順で大きくなっており，これらの値は，次に述べる軸受の呼び番号の中

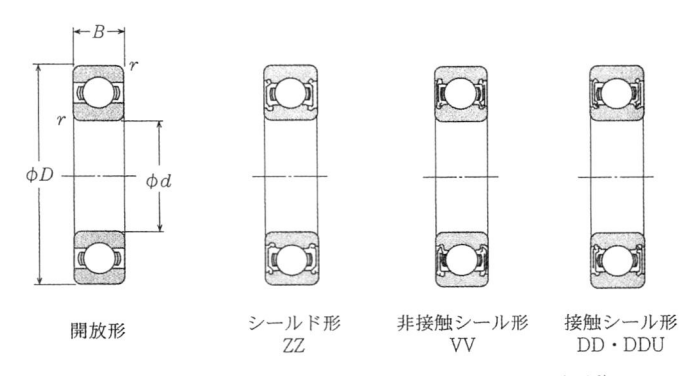

図 4.4　単列深溝玉軸受の各部寸法記号とシール方法[1]

第 4 章◆転がり軸受と転がり直動案内

表 4.2　単列深溝玉軸受の性能表[1]

主要寸法 [mm]				基本定格荷重 [N]		基本定格荷重 [kgf]		係数	許容回転数 [rpm]			呼び番号		
									グリース潤滑		油潤滑			
d	D	B	r (最小)	C_r	C_{or}	C_r	C_{or}	f_0	開放形 Z・ZZ形 V・VV形	DU形 DDU形	開放形 Z形	開放形	シールド形	シール形
25	37	7	0.3	4,500	3,150	455	320	16.1	18,000	10,000	22,000	6805	ZZ	VV　DD
	42	9	0.3	7,050	4,550	715	460	15.4	16,000	10,000	19,000	6905	ZZ	VV　DDU
	47	8	0.3	8,850	5,600	905	570	15.1	15,000	—	18,000	16005	—	—
	47	12	0.6	10,100	5,850	1,030	595	14.5	15,000	9,500	18,000	6005	ZZ	VV　DDU
	52	15	1	14,000	7,850	1,430	800	13.9	13,000	9,000	15,000	6205	ZZ	VV　DDU
	62	17	1.1	20,600	11,200	2,100	1,150	13.2	11,000	8,000	13,000	6305	ZZ	VV　DDU
28	52	12	0.6	12,500	7,400	1,270	755	14.5	14,000	8,500	16,000	60/28	ZZ	VV　DDU
	58	16	1	16,600	9,500	1,700	970	13.9	12,000	8,000	14,000	62/28	ZZ	VV　DDU
	68	18	1.1	26,700	14,000	2,730	1,430	12.4	10,000	7,500	13,000	63/28	ZZ	VV　DDU
30	42	7	0.3	4,700	3,650	480	370	16.4	15,000	9,000	18,000	6806	ZZ	VV　DD
	47	9	0.3	7,250	5,000	740	510	15.8	14,000	8,500	17,000	6906	ZZ	VV　DDU
	55	9	0.3	11,200	7,350	1,150	750	15.2	13,000	—	15,000	16006	—	—

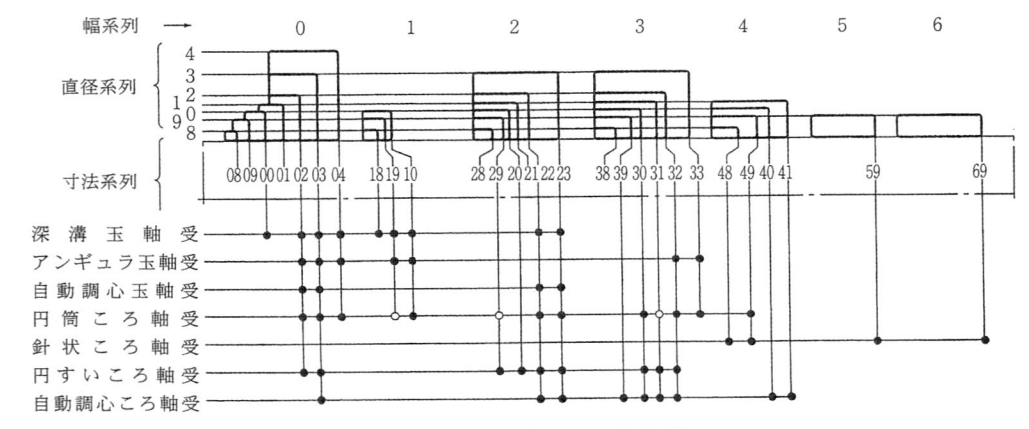

図 4.5 ラジアル軸受の寸法系列[2]

に組み入れられている。また軸受幅についても 8, 0, 1, 2, 3, 4, 5, 6 と系列が規定されており，この順で幅が大きくなる。幅系列は，おのおのの系列の中でさらに細分化されており，転がり軸受の種類によって使い分けられている。

(2) 呼び番号

転がり軸受の種類や大きさは，呼び番号を指定することによって一義的に決定される。たとえば下記のような呼び番号は，以下のような内容で構成されている。

$\boxed{6\ 2\ 05\ ZZ\ C3}$

6：軸受の種類 6 は深溝玉軸受であることを示す。

2：外径寸法を示し，直径系列が 2 であることを意味する。

05：軸受の呼び内径を示す。$00=\phi10$ mm, $01=\phi12$ mm, $02=\phi15$ mm, $03=\phi17$ mm, 04 以上は，この数値を 5 倍した値が内径寸法になる。よって $04=5\times4=\phi20$ mm を意味する。

ZZ：図 4.4 に示すように，転がり軸受の両端部にシールドを付けた軸受であることを表す記号である。

C3：ラジアル内部すきま（104 頁）の等級を表す。

$\boxed{7\ 2\ 10\ C\ DT\ P5}$

表 4.3 組み合わせアンギュラ玉軸受の組み合わせの種類[1]

背面組み合わせ形 (DB)	●ラジアル荷重と両方向のアキシャル荷重を負荷できる。 ●作用点位置寸法 a が大きいのでモーメントがかかる場合に適する。 ●予圧タイプの場合，内軸をナットで締付けるだけで適正な予圧が得られるように，あらかじめすきま調整されている。
両面組み合わせ形 (DF)	●ラジアル荷重と両方向のアキシャル荷重を負荷できる。 ●作用点位置寸法 a が小さいので，モーメント負荷能力は背面組み合わせ形に比べて劣る。 ●予圧タイプの場合，外軸を押えることにより適正な予圧が得られるように，あらかじめすきま調整されている。
並列組み合わせ形 (DT)	●ラジアル荷重と一方向のアキシャル荷重を負荷できる。 ●アキシャル荷重を2個の軸受で受けるので，一方向のアキシャル荷重が大きい場合に適する。

7：アンギュラ玉軸受であることを示す。ちなみに NU は，円筒ころ軸受（NU 形）を示す。

2：直径寸法系列

10：軸受の呼び内径＝50 [mm]

C：アンギュラ玉軸受における玉と内輪あるいは外輪との接触角。C は 15°，A 5 は 25°，A は 30°（省略可能），B は 40° である。

DT：アンギュラ軸受の組み合わせ記号で，並列組み合わせを示す。背面組み合わせは DB，正面組み合わせは DF を用いる。表 4.3 にその組み合わせ方と特徴を示す。

P 5：精度等級記号で，5 級であることを示す。

(3) 基本定格荷重

基本定格荷重には，静定格荷重と動定格荷重がある。

静定格荷重は，転がり軸受が停止している状態で静かに荷重を加わえて除荷した場合に，転動体と軌道輪に生じる永久変形量が転動体直径の 1/10000 となるような荷重をいう。転がり軸受にこれ以上の荷重をかけると，転動体と軌道輪が変形し，良好な回転状態が得られなくなる。

動定格荷重は，転がり軸受の疲れ寿命に関係する荷重である。転がり軸受の

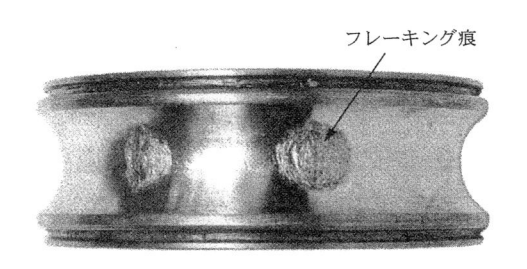

図 4.6　軸受内輪に生じたフレーキング[3]

転動体や軌道輪は，回転することによって，時間的に変動する荷重を繰り返し受けることになる。この繰り返し変動荷重によって軌道輪表面などに疲労亀裂が生じる。これをフレーキング（図 4.6）と呼ぶが，転がり軸受の疲れの定格寿命は，フレーキングを生じる限度を用いて統計的な定義がなされている。さらにこの定格寿命に基づいて動定格荷重が定義されており，転がり軸受がフレーキングを生じることなく 100 万回転できる，大きさと方向が一定の荷重を動定格荷重という。

式で表すと，以下のようになる。

$$L_n = \left(\frac{C_r}{P}\right)^3 \quad [100 万回転] \quad （転動体：玉） \tag{4.1}$$

$$L_n = \left(\frac{C_r}{P}\right)^{10/3} \quad [100 万回転] \quad （転動体：ころ） \tag{4.2}$$

ここで，C_r：動定格荷重 [N]，P：転がり軸受に加わる荷重 [N]。

さらに，疲れ寿命を総回転数ではなく，寿命時間で表す方法もある。その場合の式は，100 万回転する時間を基準として以下のように与えられる。

$$L_h = \frac{10^6}{60n}\left(\frac{C_r}{P}\right)^3 \quad [時間：hour] \quad （転動体：玉） \tag{4.3}$$

$$L_h = \frac{10^6}{60n}\left(\frac{C_r}{P}\right)^{10/3} \quad [時間：hour] \quad （転動体：ころ） \tag{4.4}$$

ここで，n：回転数 [rpm]。

転がり軸受が使用される機械によって，転がり軸受の寿命時間の目安を表 4.4 に示す。軸受を選定するための手順は以下のようである。

表 4.4 転がり軸受の寿命時間の目安[4]

使用区分	使用機械と必要寿命時間 L_h				×10³時間
	～4	4～12	12～30	30～60	60～
短時間または，ときどき使用される機械	家庭用電気機器，電動工具	農業機械，事務機械			
短時間または，ときどきしか使用されないが，確実な運転を必要とする機械	医療機器，計器	家庭用エアコン，建設機械，エレベータ，クレーン	クレーン（シープ）		
常時ではないが，長時間運転される機械	乗用車，二輪車	小形モータ，バス・トラック，一般歯車装置，木工機械	工作機械スピンドル，工場用汎用モータ，クラッシャ，振動スクリーン	重要な歯車装置，ゴム・プラスチック用カレンダロール，輪転印刷機	
常時1日8時間以上運転される機械		圧延機ロールネック，エスカレータ，コンベヤ，遠心分離機	客車・貨車（車軸），空調設備，大形モータ，コンプレッサ・ポンプ	機関車（車軸），トラクションモータ，鉱山ホイスト，プレスフライホイール	パルプ・製紙機械，船用推進装置
1日24時間運転され事故による停止が許されない機械					水道設備，鉱山排水・換気設備，発電所設備

・表4.4から目安となる寿命時間を決める。
・軸受に加わる値を計算し，上式に代入して動定格荷重を求める。
・求めた動定格荷重の値から，それに見合った軸受をカタログから選定する。

　転がり軸受の寿命は，軸受にどのような荷重が加わるかによっても影響される。衝撃や振動のある荷重が軸受に加わる場合には，荷重平均値の1.5倍の荷重が加わるとして計算する。また回転時の騒音を抑える必要があったり，非常に高い回転精度を必要とするような場合には，実際に加わる荷重の2倍の荷重が加わるとして軸受の選定を行う。

(4) 許容回転数

　転がり軸受の回転数を増加させるに従い，転動体と軌道輪の間の摩擦によって，軸受の温度が上昇していく。ある一定以上の回転数で回転させると温度上

昇が激しくなり，転動体と軌道輪が焼き付くなど軸受としての機能を果たせなくなってしまう。そのためそれぞれ軸受には，許容回転数として，回転可能な回転数が明示されている。許容回転数は，潤滑に用いる油によってその値が異なり，グリース潤滑と油潤滑では油潤滑の許容回転数の方が高い。

転がり軸受の許容回転数を表す数値として，dn（軸内径 [mm]×回転数 [rpm]）値が慣例的によく使われる。転がり軸受の dn 値は，通常，50万程度であるが，潤滑法や軸受材料を工夫することにより，最近では，300万程度まで可能な転がり軸受を用いた回転軸も開発されている。

4.3.2 転がり軸受の精度 （JIS B 1514：2000）

転がり軸受の精度としては，JIS 0級から，6級，5級，4級，2級という順で精度が高くなる規格が制定されている。精度には，寸法精度と回転精度が規定されている。寸法精度は，軸受を軸やハウジングに取り付ける際に必要となる軸受各部の寸法精度である。回転精度は，回転時の軸振れを規定しており，軸が種々の働きをする際に必要となる精度である。表 4.5 に軸受形式と精度等級

表 4.5 軸受形式と精度等級[4]

軸 受 形 式		適 用 規 格	精　度　等　級				
深溝玉軸受		JIS B 1514 (ISO 492)	0級	6級	5級	4級	2級
アンギュラ玉軸受			0級	6級	5級	4級	2級
自動調心玉軸受			0級	—	—	—	—
円筒ころ軸受			0級	6級	5級	4級	2級
針状ころ軸受			0級	6級	5級	4級	—
自動調心ころ軸受			0級	—	—	—	—
円すいころ軸受	メートル系	JIS B 1514	0級, 6X級	6級	5級	4級	—
	インチ系	ANSI/ABMA Std. 19	Class 4	Class 2	Class 3	Class 0	Class 00
	J系	ANSI/ABMA Std. 19.1	Class K	Class N	Class C	Class B	Class A
スラスト玉軸受		JIS B 1514 (ISO 199)	0級	6級	5級	4級	—
スラスト自動調心ころ軸受			0級	—	—	—	—
			低	←	精度	→	高

の関係を示す。また，下記のような場合には，5級以上の精度の軸受を使用することが好ましい。

① 回転体の振れを小さくする場合：HDD用スピンドル，工作機械の主軸など。
② 高速回転の場合：過給器，遠心分離機，高周波モータスピンドルなど。
③ 軸受摩擦および摩擦変動を小さくする場合：ジャイロ，サーボモータ。

4.4 転がり軸受の取り付け方

4.4.1 転がり軸受の配列

回転軸は，通常，図4.7に示すように2個以上の軸受によって支持される。

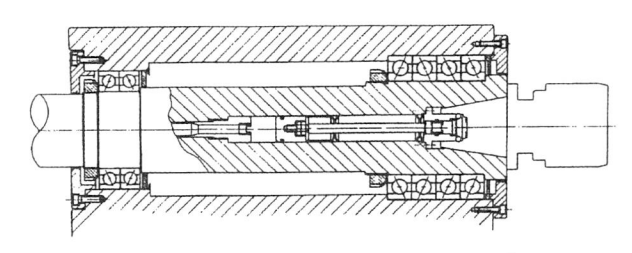

図 4.7 転がり軸受を用いたスピンドル[5]

内輪の固定	外輪の固定	止め輪を用いた固定	
最も一般的な固定方法として，締め付けナットまたはボルトを用いて，軸肩またはハウジング肩に軌道輪端面を締め付ける方法が使われている。		JIS B 2804などに規定されているような止め輪を使用すると構造が簡単になる。ただし，面取りとの干渉などの軸受取り付け関係寸法を満たさなければならない。また，大きなアキシャル荷重が止め輪に作用する場合，剛性を必要とする場合には適していない。	

図 4.8 転がり軸受の固定法[4]

軸受配列		摘要	適用例（参考）
固定側	自由側		
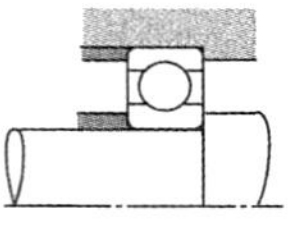	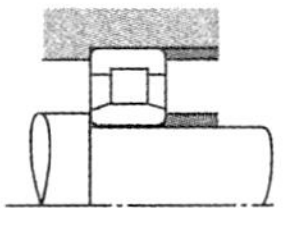	○軸の伸縮があっても，軸受に異常なアキシャル荷重がかからない標準的な配列である。 ○取り付け誤差の少ない場合，高速の用途に適する。	中形電動機，送風機など
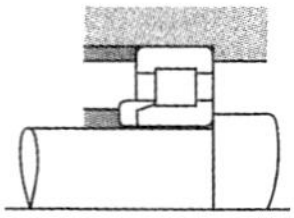	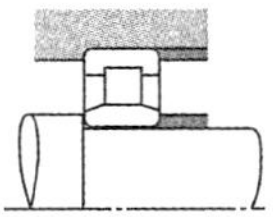	○重荷重・衝撃荷重に耐え，アキシャル荷重もある程度負荷できる。 ○円筒ころ軸受は，各形式とも分離形であるため，内輪・外輪ともにしめしろが必要なときに適する。	車両用主電動機など
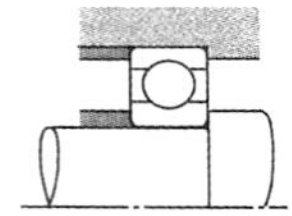	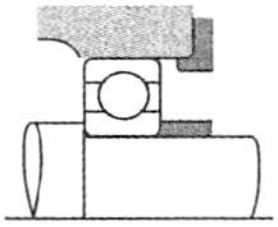	○きわめて一般的な配列である。 ○ラジアル荷重のほかに，ある程度のアキシャル荷重も負荷できる。	両吸い込み形うず巻ポンプ，自動車変速機など

図 4.9　代表的な軸受配列と適用例[1]

転がり軸受を軸やハウジングに取り付けるためには，図 4.8 に示すように，軸やハウジングに段を付け，そこに軌道輪端面をあて，ねじによって締め付ける方法や，止め輪を用いて固定する方法がある。図に示すように，深溝玉軸受を軸方向に固定するためには，内輪，外輪ともにその端面を軸方向に移動しないように固定する必要がある。

また軸の回転による転がり軸受部の発熱やモータ部の発熱により，軸の膨張が大きくなると思われる場合には，一方の軸受を軸方向に固定し，他方については，軸方向に固定しない軸受配列方法がとられる。図 4.9 に，このような場合の代表的な軸受の配列例を示す。深溝玉軸受を軸方向に自由に滑るようにするためには，軌道面のいずれかを軸方向に固定しなければよい。図の場合には，外輪とハウジングのはめあいをすきまばめとし，外輪を固定せず軸方向に移動可能としている。また自由端に円筒ころ軸受を用いた場合は，ころ自体が内輪内で軸方向に移動可能なので，内外輪はともに軸方向に固定して用いる。

4.4.2 軸受のはめあい

転がり軸受の内外輪に軸やハウジングをはめ合わせるとき，適当なはめあいで取り付けないと，軸回転中に軌道輪が円周方向に回転し，はめ合い面が摩耗する。この摩耗粉が転がり接触面などに侵入すると，接触面が傷つけられ，振動や温度上昇を引き起こすことになる。図 4.10 に，転がり軸受に加わる荷重の種類による内外輪のはめあいについて示す。通常，軸受に加わる荷重に対して，軌道輪が相対的に移動する側に締めしろを与え，軌道輪が円周方向に回転しないように十分に固定する。また軌道輪と加わる荷重との位置関係が一定の場合

回転の区分	荷重の方向	荷重条件	はめあい		代表例
			内輪と軸	外輪とハウジング	
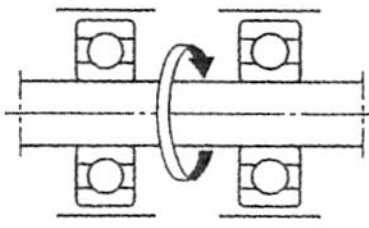 内輪回転 外輪静止	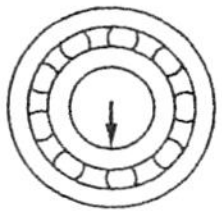 静止	内輪回転荷重 外輪静止荷重	しまりばめが必要 (k, m, n, p, r)	すきまばめでもよい (F, G, H, JS)	平歯車装置，電動機
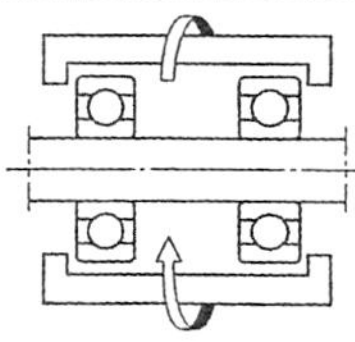 内輪静止 外輪回転	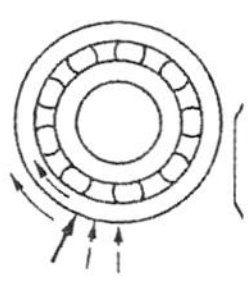 回転(外輪とともに回転)				不つり合いが大きい車輪
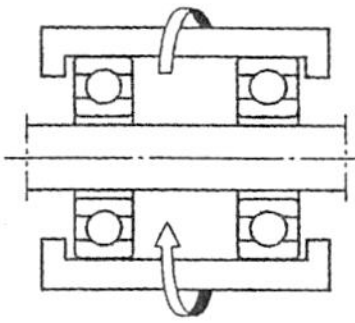 内輪静止 外輪回転	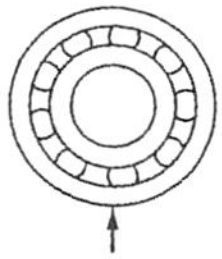 静止	内輪静止荷重 外輪回転荷重	すきまばめでもよい (f, g, h, js)	しまりばめが必要 (K, M, N, P)	静止軸付きの走行車・滑車
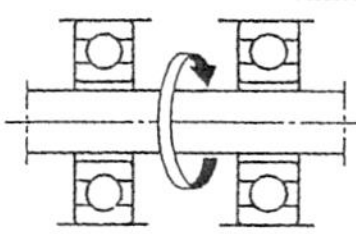 内輪回転 外輪静止	 回転(内輪とともに回転)				振動ふるい機(不つり合い振動)
不定	回転または静止	方向不定荷重	しまりばめ	しまりばめ	クランク

図 4.10　荷重の性質とはめあい[2]

には，すきまばめとする。

4.4.3 軸受の内部すきま

軸受の内部すきまとは，軌道輪のどちらかを固定し，他方を動かした場合に移動する量である。図 4.11 に示すように，内部すきまには，半径方向のすきまであるラジアル内部すきま，軸方向のすきまであるアキシャル内部すきまがある。内部すきまは，転がり軸受の疲れ寿命に大きく関係し，軸が回転中のすきまが，わずかに負（$-5 \sim -10\,\mu\mathrm{m}$）になるようなすきまがよいとされている。つまり転動体が少し押しつぶされているような状態である。しかし押しつぶし

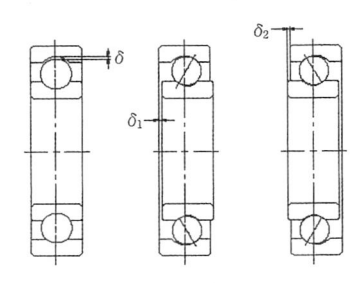

図 4.11　ラジアル内部すきま：δ とアキシャル内部すきま：$\delta_1 + \delta_2$

表 4.6　普通すきま（CN）以外のすきまの適用例[41]

使用条件	適用例	選定内部すきま
重荷重，衝撃荷重を負荷し，しめしろが大きい。	鉄道車両用車軸	C3
	振動スクリーン	C3, C4
方向不定荷重を負荷し，内輪・外輪ともにしまりばめにする。	鉄道車両トラクションモータ	C4
	トラクタ・終減速機	C4
軸または内輪が加熱される。	製紙機・ドライヤ	C3, C4
	圧延機テーブルローラ	C3
回転時の振動・騒音を低くする。	小形電動機	C2, CM
軸の揺れを抑えるため，すきまを調整する。	工作機械主軸（複列円筒ころ軸受）	C9NA，C0NA
内輪・外輪ともにすきまばめ	圧延機ロールネック	C2

CH：電動機用軸受のラジアルすきま，C9NA：テーパ穴軸受のすきま

量が大きくなると，急激に疲れ寿命が低下するので，通常の使用では，安全を見て零より少し大きくなるようなすきま（普通すきま）で用いる。内部すきまの大きさを表す記号はＣ１，Ｃ２，ＣＮ（普通すきま），Ｃ３，Ｃ４，Ｃ５を用いる。Ｃ１，Ｃ２は普通すきまよりすきまが小さく，Ｃ３～Ｃ５はすきまが大きい。普通すきま以外の内部すきまの使い分けを**表 4.6** に示す。

4.4.4　軸受の予圧

深溝玉軸受のような一般の軸受では，内部すきまを零より少し大きめにとって使用するが，アンギュラ玉軸受や円錐ころ軸受では，内部すきまを零以下とし，転動体を押しつぶすような圧力をあらかじめ加えて使用することが多い。

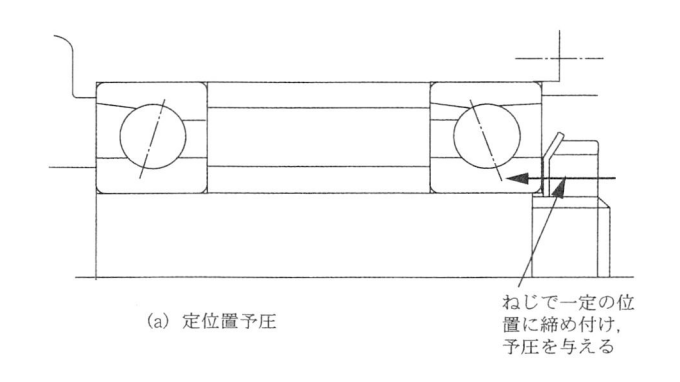

(a) 定位置予圧

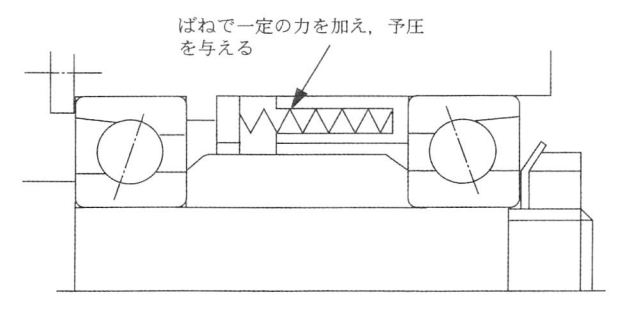

ねじで一定の位置に締め付け，予圧を与える

ばねで一定の力を加え，予圧を与える

(b) 定圧予圧

図 4.12　アンギュラ転がり軸受の予圧方式[1)]

これを予圧という。予圧の目的として，次のようなものがある。
① 転動体を押しつぶすことによりレース面との接触面積を増加させ，軸受剛性を高める。
② 剛性向上に伴い，軸の固有振動数を増加させ高速回転範囲を拡大させる。
③ 軸振れ抑制により，回転精度および位置決め精度を向上させる。
④ 振動および騒音を抑制する。

しかし，過大な予圧を与えると，寿命低下，異常発熱，回転トルクの増大を招くので，適切な予圧量でなければならない。図4.12に予圧を与えるための2つの方法を示す。一般に剛性を高める目的には，定位置予圧が適しており，高速回転で振動を防止するような場合は，定圧予圧が適している。

4.5 転がり軸受の潤滑法

転がり軸受では，軌道輪内で転動体が転がることになるが，両者の表面が直接接触しながら回転した場合には，表面温度が異常に高温となり，すぐに表面が損傷してしまう。よって両表面が直接接触することがないように，通常，転がり軸受では油やグリースによる潤滑が行われる。

グリースとは，鉱油や合成油などの潤滑油（基油）とリチウム，ナトリウム，カルシウムなどの金属石けん（増ちょう剤）と酸化防止剤，極圧添加剤などの添加剤を加えたものをいう。グリース潤滑は，取り扱い，保守が容易であることから，転がり軸受の潤滑法として広く使用されている。しかし，高速回転スピンドルなど高速回転や冷却作用が必要な場合には，油潤滑が使用される。

油潤滑には種々の方法があるが，図4.13に，供給油量（潤滑法）と軸受の温度上昇および軸受の摩擦損失の関係を示す。油量が少ない場合，転動体と軌道輪が接触し温度上昇が大きい。油量を少し増加させると，油膜が形成され温度上昇が急激に小さくなる。さらに油量を増加させると今度は油が撹拌され，それが原因となって温度が上昇しはじめる。最終的には，供給油の冷却能力が撹拌による発熱に勝り，温度は低下してくる。表4.7に油潤滑法の実施例を示す。

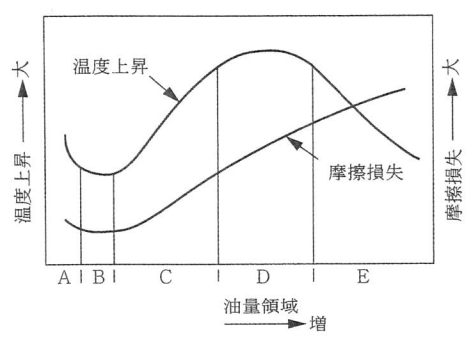

第 4 章◆転がり軸受と転がり直動案内

領域	特　徴	潤滑方法例
A	油量が非常に少ない場合，転動体と軌道面が部分的に金属接触し，軸受の摩耗，焼付きが発生する。	――
B	完全な油膜が形成され，摩擦は最小で軸受温度も低い。	グリース潤滑 オイルミスト エアオイル潤滑
C	さらに油量が増えた場合で，油の撹拌で発熱量が増える。	循環給油
D	温度上昇は油量に関係なくほぼ一定。	循環給油
E	油量がさらに増すと冷却効果が顕著になり軸受温度が下がる。	強制循環給油 ジェット潤滑

図 4.13　給油量と温度上昇，摩擦損失の関係[4]

4.6　転がり軸受の材料

転がり軸受の材料には，次のような特性が要求される。

① 高い接触圧力にも耐えられる優れた耐圧痕性と高い硬度。
② 優れた疲れ寿命性。
③ 長期にわたって形状精度を維持できる寸法安定性。
④ 優れた耐摩耗性と被削性（材料の加工のし易さ）。

転がり軸受の材料としては，完全硬化鋼と表面硬化鋼がある。

（1）　完全硬化鋼

高炭素クロム鋼(SUJ 2, SUJ 3, C：1%, Cr：1.5% を含む)　材料の表面か

表 4.7 転がり軸受の潤滑法

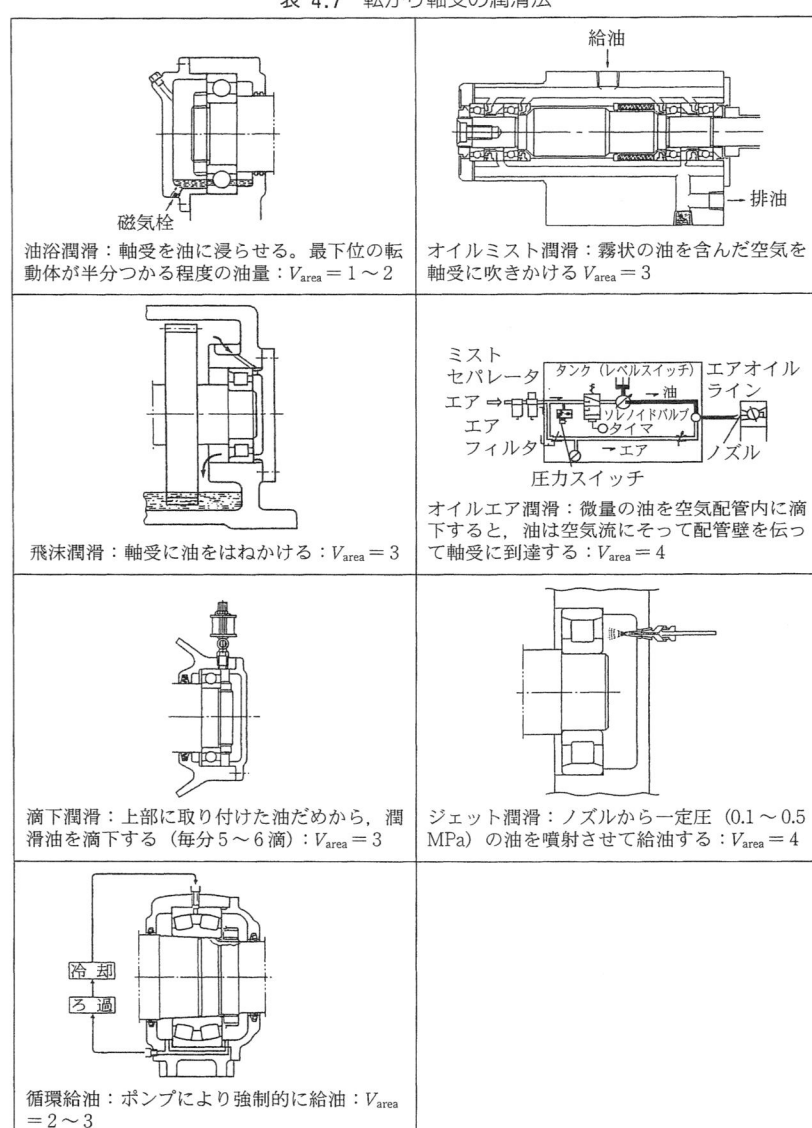

油浴潤滑:軸受を油に浸らせる。最下位の転動体が半分つかる程度の油量:$V_{area}=1\sim2$	オイルミスト潤滑:霧状の油を含んだ空気を軸受に吹きかける $V_{area}=3$
飛沫潤滑:軸受に油をはねかける:$V_{area}=3$	オイルエア潤滑:微量の油を空気配管内に滴下すると,油は空気流にそって配管壁を伝って軸受に到達する:$V_{area}=4$
滴下潤滑:上部に取り付けた油だめから,潤滑油を滴下する(毎分5〜6滴):$V_{area}=3$	ジェット潤滑:ノズルから一定圧(0.1〜0.5 MPa)の油を噴射させて給油する:$V_{area}=4$
循環給油:ポンプにより強制的に給油:$V_{area}=2\sim3$	

使用回転数範囲　V_{area}:　低速:1 ⟷ 高速:4

ら内部まで焼入れ,焼戻し処理を行い,ロックウェル硬さを HRC 57〜64 としたもので,一般の転がり軸受に使用される。

(2) 表面硬化鋼

衝撃荷重が加わるような転がり軸受では,浸炭焼入れなどで表面のみ硬化させた材料が使われる。これにより,表面に発生した亀裂が内部に進展せず転がり軸受の破損を防ぐことができる。この材料の表面硬度は HRC 60 程度,内部は HRC 40 程度で,クロム鋼,ニッケルクロモリブデン鋼などが使われる。

> **コラム 4**
>
> ## レオナルド・ダ・ビンチの発想した転がり軸受は動くのか?
>
> 本文中に書いたように,現在,使用されているような形状の転がり軸受をはじめて発想したのは,天才レオナルド・ダ・ビンチである。すでに知っている方も多いと思うが,レオナルドは,イタリアの Vinci(ビンチ)村で 1452 年に生まれている。したがって彼の名前は,ビンチ村のレオナルドという意味である。
>
> ダ・ビンチの転がり軸受のスケッチをもとに,それを実際に作り,軸受としての機能を果たすのかを確かめた人々がいる。千葉大学教授の岡本純三氏と軸受メーカー光洋精工の技術陣である。ダ・ビンチが残しているスケッチは平面図であり,そこから実際の軸受を作り上げるわけであるから,さぞかしいろいろと苦労されたであろうことは,想像に難くない。再現された軸受は,転がり軸受としてのいくつかの条件を満足しており,スラスト軸受としてきちんと機能することが確かめられた。いまさらながら,ダ・ビンチの天才ぶりには驚かされる。
>
> 再現された軸受は,1995 年に上野の国立科学博物館に寄贈され,展示されているという。

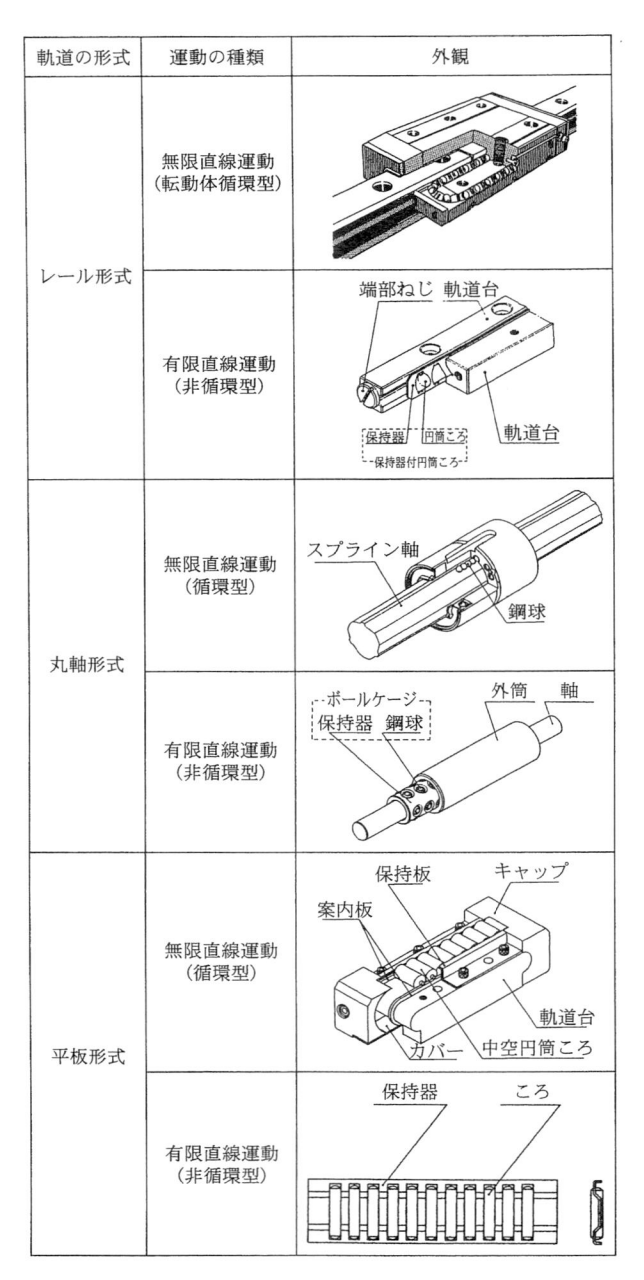

軌道の形式	運動の種類	外観
レール形式	無限直線運動 （転動体循環型）	
レール形式	有限直線運動 （非循環型）	
丸軸形式	無限直線運動 （循環型）	
丸軸形式	有限直線運動 （非循環型）	
平板形式	無限直線運動 （循環型）	
平板形式	有限直線運動 （非循環型）	

図 4.14 直動転がり案内の種類[6]

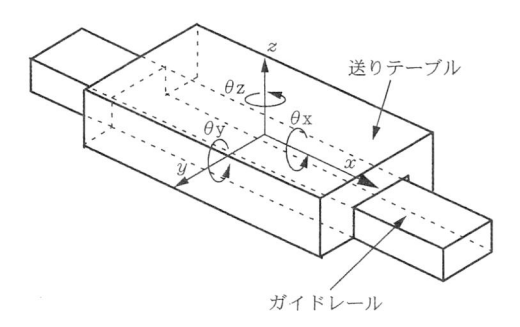

図 4.15　送りテーブルにおける運動自由度

4.7　転がり直動案内

　転がり軸受は，回転する軸を転動体を用いて支持するための機械要素であるが，真っ直ぐに移動する物体を，やはり転動体を用いて支持し案内する要素がある。このような要素を転がり（直動）案内という。転がり案内は，工作機械の移動テーブルや半導体関連機器，産業用ロボットなど，比較的高速で高精度の位置決めを必要とする箇所に数多く使用されており，最近の機械製品には必要不可欠な機械要素の一つとなっている。

　図 4.14 に，転がり直動案内の形式例を示すが，大きく分けてレール形式，丸軸形式，平板形式の 3 種類に分類できる。さらにこれらは，転動体を案内内部で循環させることにより，原理上，無限のストロークを可能とした形式と，転動体が循環しない有限ストロークの形式のものに分けられる。転動体には，玉ところが用いられる。

　図 4.15 に示すように，送りテーブルは，通常，6 自由度(平行変位 3 自由度，回転変位 3 自由度) を持っているが，転がり直動案内の役割は，送り方向以外の運動自由度 (5 自由度) を拘束し，テーブルが目的にあった運動をできるようにすることである。

　転がり直動案内の取り付け法は，メーカーカタログなどに詳細に解説されているので，それに沿って取り付けることが重要である。また転がり案内の選定

法は転がり軸受と類似しているので，ここでは特に詳しい記述はしない。

参考文献

1) 日本精工カタログ
2) 光洋精工カタログ
3) 日本精工カタログ「New Bearing Doctor」
4) NTN カタログ
5) 福田交易カタログ
6) 日本トムソンカタログ

コラム 5

転動体と軌道面の接触状態はどうなっている？

　転がり軸受が転がっているときに，転動体である玉やころと軌道面との接触状態はどうなっているのだろうか。当初，軌道輪などに吸着した潤滑油膜は，2GPa 程度の接触面圧力で破断することから，これ以上の荷重が加わった場合，転動体と軌道輪は接触し，すぐに損傷するものと思われていた。しかし実際には，はるかに大きな面圧が加わっても軸受は損傷せずに回転し続けることが経験的に分かっていた。この現象を理論的に説明できるようになったのは，1960 年代以降のことであり，それほど昔のことではない。

　転動体と軌道面の接触点近傍では，接触面圧が非常に高くなることで両者の間に介在する油の粘度が増大し，条件によっては固化する。また転動体の方は，発生する油膜圧力により弾性的な変形を生じ，結果として両者の間に潤滑油膜が形成されるのである。油膜の厚さは数 μm 程度の大変薄いものだが，両者が接触して摩耗しないよう大切な役割を果たしている。

　このような油膜厚さを求める計算では，転動体の弾性変形を考慮して油膜圧力を求める必要がある。この理論を，弾性流体潤滑理論というが，大変な計算量を必要とするため，1960 年代以降のコンピュータの発達と相まって，急激に進展した学問分野である。

第5章
すべり軸受とすべり案内

物体の下に油などのすべりやすくする流体を入れ，摩擦を低減させた軸受をすべり軸受，すべり案内と呼んでいる。すべり軸受には，軸の運動中に軸と軸受が流体によって完全に分離される流体潤滑型のすべり軸受と，運動中でも接触を伴う接触型のすべり軸受がある。前者の流体潤滑軸受には市販されているものもあるが，多くは設計者自身が設計しなければならない。

5.1 すべり軸受の分類

すべり軸受は一般に，回転する軸とそれを支持する軸受との間に，潤滑性のある油などの流体を入れ，摩擦を減らし滑りやすくした機械要素である。転がり軸受と同様，すべり軸受でも，荷重の加わる方向によって呼び方があり，**図5.1**に示すように，軸方向の荷重を受ける軸受をスラスト軸受，半径方向の荷重を受ける軸受をジャーナル軸受と呼ぶ。すべり軸受の種類としては，軸の運動中に，軸と軸受が潤滑油などの流体によって完全に分離される流体潤滑型のすべり軸受と，運動中でも接触を伴う接触型のすべり軸受がある。

これらのすべり軸受は，**図5.2**に示すように，軸受としての特性に差があり

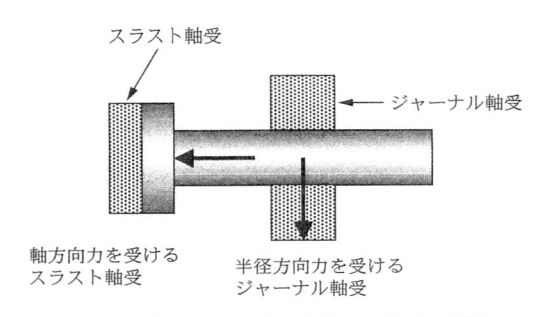

図 5.1 加わる力の方向とすべり軸受の種類

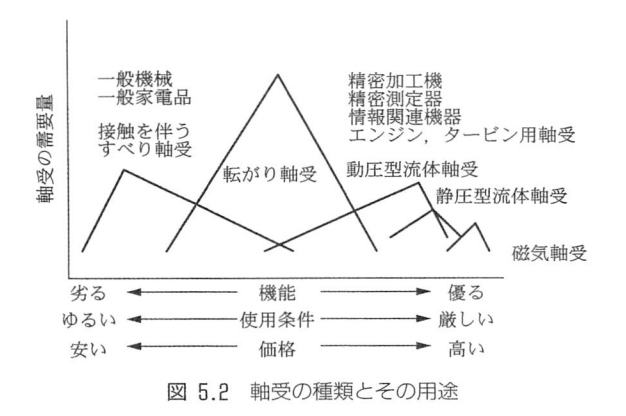

図 5.2 軸受の種類とその用途

使用される用途も異なる。流体潤滑軸受は，転がり軸受では対応できないような精度（計測器など）や高速回転（高精度加工機，レーザスキャナなど），長寿命（発電機など），耐衝撃性（エンジンのコンロッドなど）が必要とされる場合に使用されることが多い。一方，比較的低速で面圧が小さく，かつある程度の軸受面の摩耗などが許されるような用途（一般家電品，自動車用部品など）には，安価で使いやすい接触を伴うすべり軸受が使用される。

　流体潤滑軸受はユニット化され市販されているものもあるが，その多くは設計者自身が設計しなければならない。そのためには，流体潤滑理論など身に付けなければならない基礎知識があるが，それについては専門書を参考にされたい。また接触を伴うすべり軸受については，専門メーカーから種々の形式の軸受が市販されているので，設計者はその中から仕様に合ったものを選べばよい。

5.2　潤滑状態の種類

　油などの物体を用いて，軸と軸受間の摩擦を低減したり，それらの表面の損傷を防ぐことを「潤滑」というが，潤滑状態は，軸や軸受の表面粗さと関連づけて，潤滑油の粘度 η，すべり速度 V，単位面積当たりの垂直荷重 p を用いて

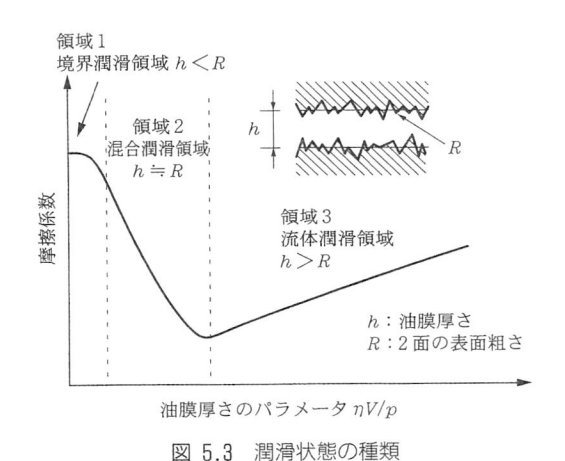

図 5.3　潤滑状態の種類

領域1　境界潤滑領域 $h<R$
領域2　混合潤滑領域 $h \fallingdotseq R$
領域3　流体潤滑領域 $h>R$
h：油膜厚さ
R：2面の表面粗さ
油膜厚さのパラメータ $\eta V/p$
摩擦係数

整理することができる.縦軸に摩擦係数を,横軸にパラメータ $\eta V/p$ をとると,**図 5.3** に示すような曲線(Stribeck 曲線)が描かれるが,この曲線から潤滑状態は,次の 3 つの状態に分けて考えられている.

(1) 境界潤滑領域

図中の領域 1 に相当する.潤滑油が極端に少ない場合や非常に大きな荷重が加わる場合には,両表面の間には,油の数分子層からなる吸着層(厚さ数 10^{-3} μm)のみが存在し,直接,接触した状態になる.摩擦係数は,吸着層の油性に依存するが,それが破断した場合には,二面間の物理化学的相互作用によって決定されることになる.材料の組み合わせにもよるが,摩擦係数は 0.1〜0.5 程度の大きな値となり,軸受の設計では,この領域の潤滑にならないようにしている.

(2) 流体潤滑領域

図中の領域 3 に相当する.流体膜によって軸と軸受が潤滑流体によって完全に分離された状態になっており,流体膜内には荷重を支えるための圧力が発生している.したがって長時間の運転に対しても,軸および軸受表面はまったく摩耗することがなく,理想的な潤滑状態といわれる.摩擦係数は,すべり速度,潤滑流体の粘性係数に依存し,それらが大きくなるにつれ増加する.

(3) 混合潤滑領域

図中の領域 2 に相当する.この領域では,軸および軸受面の表面粗さと潤滑膜の厚さがほぼ同程度の大きさになっており,固体接触域と流体潤滑域が混在する.荷重は固体接触部の接触圧と流体潤滑部に発生する流体膜圧力によって支持される.摩擦係数は,固体接触部と流体潤滑部のそれぞれの和として表され,流体潤滑域が増すにつれ摩擦係数は低下してくる.

(4) 固体潤滑

油を使わずにプラスチックや固体潤滑剤など自己潤滑性のある物質を表面に

被覆し，摩擦係数を下げ，表面の損傷を防ぐ方法であり，これを固体潤滑という．

5.3 すべり軸受の種類

すべり軸受の種類を，潤滑状態によって分けると**表 5.1**のように分類できる．

5.3.1 固体潤滑軸受（自己潤滑軸受）

固体潤滑剤はそれ自体に摩擦低減作用を持つ材料であり，低速，軽荷重での使用（AV・OA 機器，家電品，自動車部品）や，保守がなくても数十年以上の使用に耐える必要がある場合（橋梁部品），潤滑油を使用できない場合（宇宙空

表 5.1 すべり軸受の種類

潤滑状態	軸受の種類	軸受材料	用途	すべり速度
固体潤滑（無潤滑）	自己潤滑軸受	低摩擦材を用いた軸受 樹脂：4フッ化エチレン（PTFE），ポリアミド（PA），フェノール（PF）など 軟質金属：鉛，スズ，亜鉛，金，銀	AV 機器，OA 機器，家電品，自動車部品，水中ポンプ	～0.01 m/s
		固体潤滑剤を付加した軸受 固体潤滑剤：黒鉛，二硫化モリブデン（MoS_2）	モータブラシ，ケミカルポンプ，橋梁支承	
境界潤滑	含油軸受	含油焼結金属，含油黒鉛	自動車，家電品，AV 機器，OA 機器，工作機械	0.01～0.1 m/s
混合潤滑	潤滑油使用軸受（動圧型油潤滑軸受）	樹脂，鋳鉄，りん青銅，鉛青銅，黒鉛	射出成形機，自動車，印刷機械	0.1 m/s～1 m/s
流体潤滑	潤滑剤使用軸受：動圧型，静圧型（油潤滑，水潤滑，気体潤滑）	油動圧軸受：鋳鉄，りん青銅，鉛青銅，ケルメット，ホワイトメタル，アルミ合金などその他の軸受：合金鋼（水潤滑の場合錆びないもの），セラミックス，アルミ合金（表面硬化処理が必要）	発電機，タービン，送風機，工作機械，情報機器，AV 機器，自動車	1 m/s～10 m/s

表 5.2 プラスチック系すべり軸受材料の形式

材料形式	特徴	構造図
固体潤滑剤分散型	プラスチックに，グラファイトなどの固体潤滑剤や潤滑油などを配合し，分散させた材料で，形状加工が容易なことから，最も多く使用されている。	分散潤滑剤
被覆型	金属の基材表面にPTFEやグラファイトなどの固体潤滑剤によってコーティング膜を形成したもの。種々の箇所へのコーティングが可能なことから，特定箇所の摺動性向上などに使用される。	潤滑被膜
複層型	裏金と金属粉末焼結層とプラスチック層の複層構造からなる材料である。金属層を使用していることから，放熱特性に優れるため，分散型に比して高負荷までの使用に耐える。	潤滑層　中間層
メッシュ型	金属メッシュのすきまに，PTFEなどの固体潤滑剤を含浸したもので，金属メッシュの柔軟性を利用し，軸受すきまを小さくし，がたつきをなくすことができる。	潤滑剤　メッシュ材

間など），接触部において潤滑油が不足しがちな場合に用いられる。概して，すべり速度が小さく摩擦熱があまり発生しない箇所に用いられる。固体潤滑剤としては以下のようなものが挙げられる。

① 層状構造体：グラファイト（C），二硫化モリブデン（MoS_2），二硫化タングステン（WS_2）

② 樹脂：4フッ化エチレン（PTFE），ポリアミド（PA），ナイロン，フェノール（PF）

③ 軟質金属：鉛，スズ，亜鉛，金，銀

これらの固体潤滑剤のうち，一般には，プラスチック系材料を用いた軸受が多用されており，これには，おもに表5.2に示すような形式がある。

5.3.2　境界・混合潤滑軸受

　油で潤滑することを基本とするが，すべり面に十分な油が供給できないような場合に用いる軸受である。したがって軸受材料として，すべり面同士が接触しても焼き付き（すべり面同士がくっついてしまうこと）を起こさない，摩耗が少ない，疲労強度が高いことなどが必要となる。

　このような材料としては，銅合金，アルミ合金，樹脂があり，図 5.4(a) に示すように軸受メタル表面に被覆して使用される。また，図 5.4(b) に示すようなグラファイトや銅系の焼結材（多孔質材）に油を浸み込ませた含油軸受がある。この軸受では，軸が回転すると油膜圧力の関係から軸受内から油がしみ出し，停止するとまた軸受内に戻るようになっている。転がり軸受に比べ，騒音が小さいことから，自動車，家電品(洗濯機，扇風機)，AV・OA 機器に広く使用されている。また JIS B 1582（1996）に寸法などの規定がある。

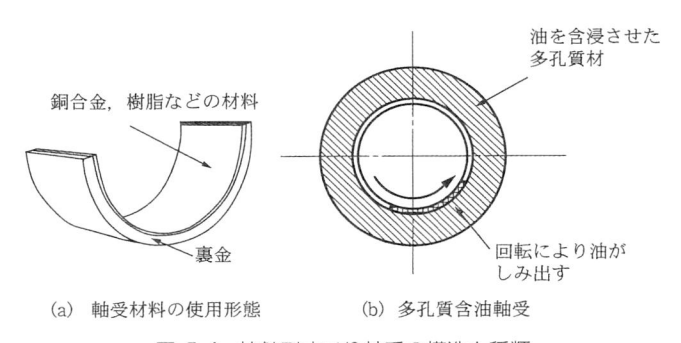

(a)　軸受材料の使用形態　　　(b)　多孔質含油軸受

図 5.4　接触型すべり軸受の構造と種類

5.3.3　流体潤滑軸受

（1）　動圧型流体潤滑軸受の種類

　流体潤滑軸受は，流体膜圧力の発生方法によって動圧型と静圧型の2種類に分類することができる。

　動圧型流体潤滑軸受は，軸の運動を利用することによって潤滑膜内に圧力を発生させる軸受をいう。膜内に圧力を発生させるための方法は，絞り膜効果を

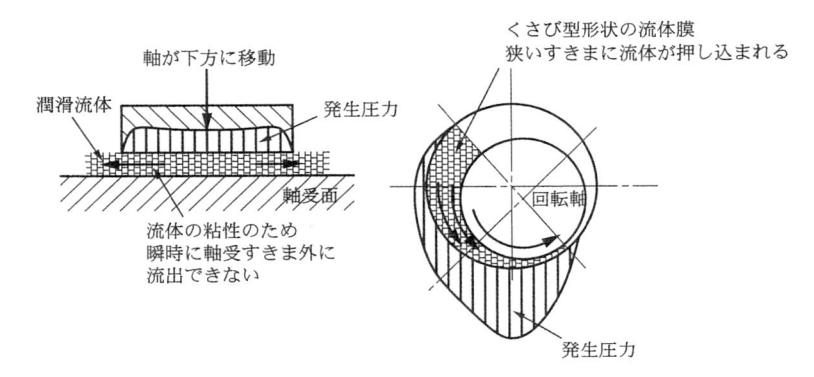

図 5.5　動圧型流体潤滑軸受における圧力発生の原理

利用するものと，くさび膜効果を利用するものの2種類ある。**図 5.5** に，その原理図を示す。

　絞り膜効果では，軸が軸受面に垂直に近づくとき，その間にある潤滑流体が粘性を持っているために，瞬時にそのすきまから外に出ることができないことで圧力が発生する。

　くさび膜効果では，軸と軸受面の間にできるくさび膜状のすきまに，軸の回転によって潤滑流体が押し込まれることによって圧力が発生する。通常の動圧型の流体潤滑軸受は，この効果によって圧力を発生させ，軸に加わる荷重を支持している。

（2）　流体潤滑軸受用材料

　この種の軸受では，軸運動中には，軸と軸受面は潤滑流体によって完全に分離されるが，軸の回転開始時や停止時などには，軸と軸受の接触は避けられない。またエンジン用軸受のように，衝撃的な荷重が繰り返されるような場合においては接触の可能性がある。よって流体潤滑軸受といえども，接触の可能性を考えて材料が選定されている。

　一般に，流体潤滑用のすべり軸受材料に必要とされる特性は，**表 5.3** のように整理される。すべり軸受材料は，それ自体は比較的軟らかいものが多いので，一般には，**図 5.6** に示すように基礎となる軸受メタルの上に軸受材を被覆して

表 5.3 流体潤滑用すべり軸受材料に必要とされる特性

特性の種類		要求特性	特性の内容
相反する特性	負荷能力 (強さ，硬さ)	耐疲労性	繰り返し加わる荷重に対して疲労破壊が生じにくいこと
		耐高面圧性	大きな荷重が加わっても十分耐えうる強さを持つこと
		耐摩耗性	摩耗しにくいこと
		耐キャビテーション性	軸受すきま内に発生するキャビテーションにより損傷しないこと
		耐高温特性	回転による発熱などにより，材料が軟化しないこと
	順応性 (軟らかさ)	なじみ性	軸が傾いて片当たりをする場合など，軸の状態にならって変形し，軸を損傷しないこと
		異物埋収性	潤滑油中にゴミなどの異物が入った場合，軸や軸受表面を傷つけないように，ゴミを軸受材料内に埋収できること
		耐焼き付き性	固体接触が局所的に生じても焼き付きにくいこと
化学特性		耐食性	耐食性物質や油中硫黄分などと反応しにくいこと

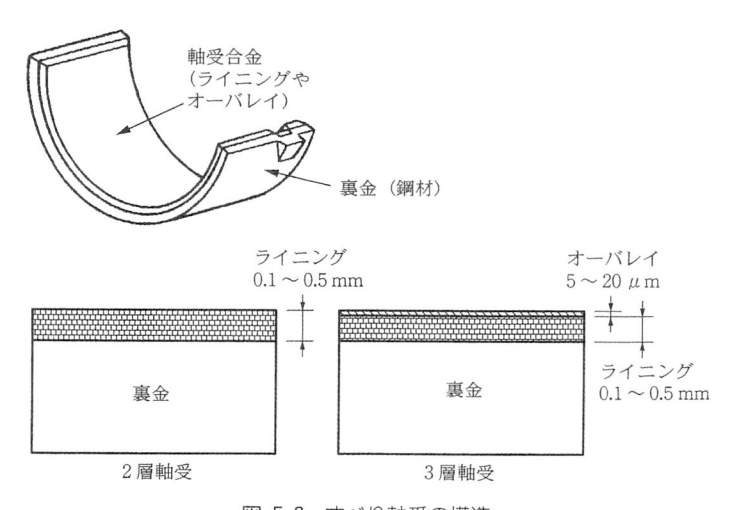

図 5.6 すべり軸受の構造

使用する。最近では，2層あるいは3層に合金やオーバレイといわれる表面層を被覆して使用することが多い。代表的な材料としては，以下のような合金がある。

① ホワイトメタル：スズを主とした Sn 基 (Sn, Cu：3～10%, Sb：3～15%) と鉛を主とした Pb 基 (Pb, Sn：0～20%, Sb：10～15%) の2種類がある。ともになじみやすく，焼き付きにくい材料であり広く使用されている。しかし，高温に弱く (70°以下で使用)，剛性が低い。

② 銅・鉛合金：ケルメット (Cu, Pb：20～30%) と呼ばれ，耐圧性，剛性に優れるため，内燃機関用に使用されることが多い。しかしなじみ性に劣る。

③ アルミニウム合金：軽量でなじみ性が良い。Al-Sn 合金，Al-Sn-Si 合金が多用されている。

④ オーバレイ(表面層)：Pb 基と Sn 基の2種類がある。各種合金の上に付けられ，なじみ性を改善する。

(3) 精密機器用動圧型流体潤滑軸受

流体潤滑軸受に支持された軸は，流体膜内に発生した圧力によって，完全非接触に支持される。そのため，流体潤滑軸受によって支持された軸は，非常に高い回転精度を実現できる。この利点を生かして，流体潤滑軸受は，精密加工

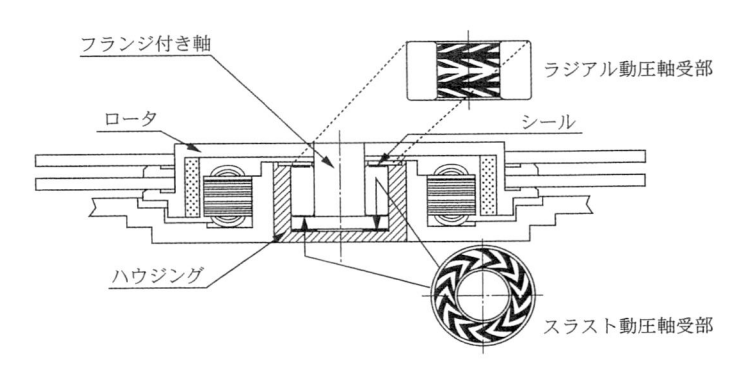

図 5.7　ハードディスクドライブ用動圧型流体潤滑軸受[1]

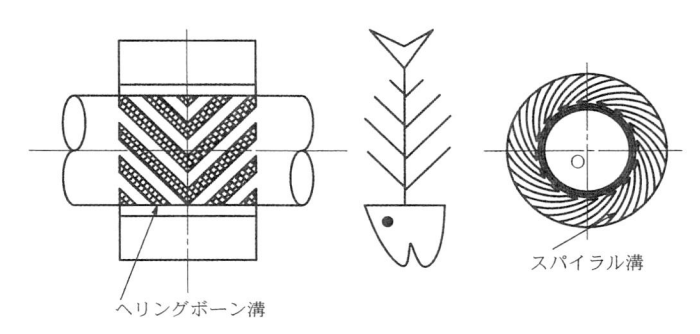

図 5.8 HDD に使用される動圧型流体潤滑軸受の形状

機や各種精密機器に数多く応用されるようになってきている。

図 5.7 には，最近，転がり軸受に代わり使用されることが多くなってきたハードディスク（HDD）用の動圧型油潤滑軸受の例を示す。動圧型軸受では，軸の回転によって流体膜内に圧力を発生させる必要があることをすでに述べたが，HDD に用いられる軸受には，圧力を発生させるために，多数の斜め溝が設けられている。ジャーナル軸受の場合，展開した溝形状がニシンの骨に似ていることから，ヘリングボーン（Herringbone：ニシンの骨）溝と呼ばれる（**図 5.8**）。またスラスト軸受では，溝がらせん状になっていることから，スパイラル（Spiral）溝と呼ばれている（図5.8）。

この種の軸受では，軸が回転することにより，溝に沿って流体が軸受内に押し込まれることになり，溝はポンプの役割を果たす。このような効果を，粘性ポンプ効果という。最近，HDD 用の軸受には，記録密度の増加に伴い高い回転精度が要求されるようになってきており，流体潤滑軸受の適用数が急速に多くなってきている。

(4) 静圧型流体潤滑軸受

静圧型流体潤滑軸受では，動圧型と異なり，軸受外から加圧流体を軸受内に導入し，その圧力を利用して軸荷重を支持する。したがって静圧型軸受では，外部にポンプなどの加圧流体の供給源を持つ必要がある。最近，静圧型軸受の潤滑流体として空気を用いる場合には，そのクリーン性，低摩擦性を活かして

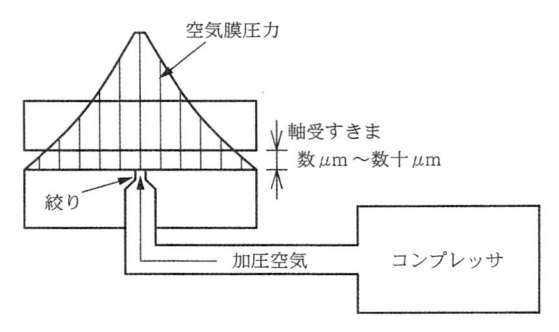

図 5.9 静圧空気軸受の原理図

半導体関連の加工機や精密測定器, 高速回転スピンドルなどに多用されている。

図 5.9 に静圧空気軸受の原理図を示す。静圧軸受の軸受すきまは, 一般には, 数 μm～数十 μm と大変小さい。静圧型空気軸受では, 軸受外からコンプレッサなどを使って加圧空気を軸受内に送り込む。この際, 絞りと呼ばれる空気流の抵抗となる部分を, 空気が軸受すきまに流入する手前に挿入する。この絞りを入れることによって, 図 5.10 に示すように, 軸受すきまが小さくなると, 絞り

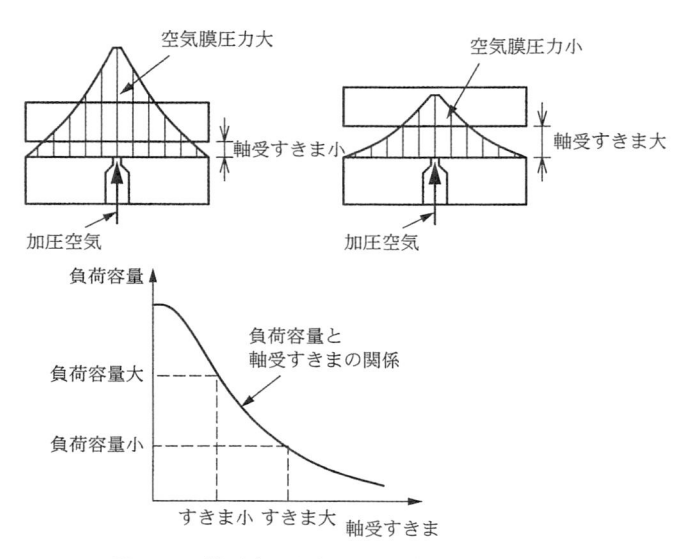

図 5.10 軸受すきま内の圧力と軸受すきまの関係

出口の圧力が上昇し，すきま内全体の圧力が上昇する。逆に，軸受すきまが大きくなると，絞り出口の圧力が低下し，すきま内全体の圧力も低下する。これによって，軸受に加わる負荷荷重と空気膜内圧力が釣り合い，軸受に支持される物体は，ある軸受すきまの位置でとどまることになる。また負荷が増すと，すきまの小さいところで釣り合い，負荷が下がると，すきまの大きいところで釣り合う。

（5） 流体潤滑軸受に要求される特性
　（a）　剛性
　流体潤滑軸受は，精度の高い機器に使用されることが多いことから，外力が加わった場合の軸受すきまの変化量をなるべく小さくするように設計される。このような外力の変化量 $\varDelta W$ とすきま変化量 $\varDelta h$ の関係を表す量を剛性と呼び，一般に剛性 k は次式で与えられる。

$$k(剛性) = -(外力の変化量)/(軸受すきまの変化量) = -\varDelta W/\varDelta h \quad [\mathrm{N}/\mu\mathrm{m}] \tag{5.1}$$

　式 (5.1) より，剛性 k が大きいと，軸受すきまを $1\,\mu\mathrm{m}$ 変化させるために，より大きな外力を加える必要があることが分かる。
　（b）　減衰性

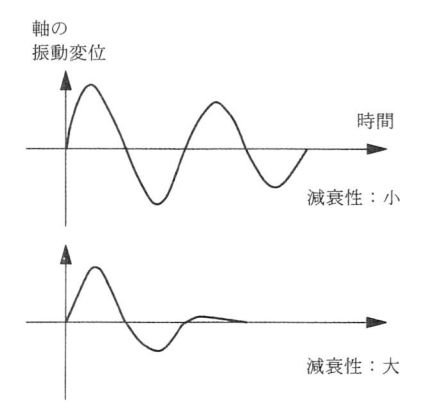

図 5.11　軸受の減衰特性

図 5.11 に,軸受に衝撃的な力が加わったときの軸の運動を,減衰が大きい場合と小さい場合について示す。減衰性が大きいと軸の振動がすぐに減衰するのに対し,小さい場合には,振動はすぐには収まらない。減衰性は,変動外力を受ける場合や,μm オーダや nm オーダの精度を必要とするような精密機器には重要な特性である。

(c) 高速安定性

図 5.12 に示すように,流体潤滑軸受で支持された軸を高速で回転させると,共振速度を超えたある回転数で急激に軸の振れまわりが大きくなる。これは 1/2 ホワールと呼ばれる不安定現象で,このまま回転を上げ続けると軸と軸受が接触し焼き付いてしまう。この現象は,動圧型,静圧型の流体軸受にともに生じる現象であり,高速で流体潤滑軸受を使用する場合には,安定限界速度を精度良く予測しておく必要がある。

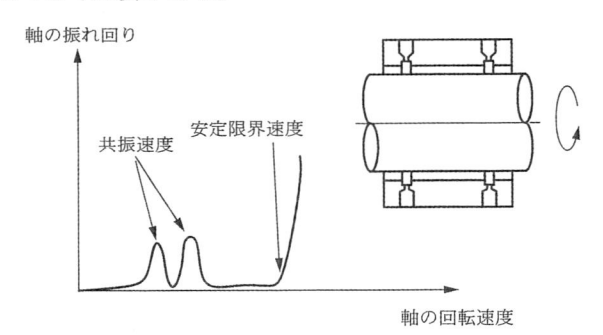

図 5.12 高速回転における軸受の不安定振動

5.4 すべり軸受の適用限界

すべり軸受には,材料や潤滑条件などによって,面圧(単位面積あたりの荷重)p やすべり速度 V に限界がある。固体潤滑軸受,境界・混合潤滑軸受では,軸受材料によって使用可能な p や V の最大値が設定されているほか,両者の積である pV によってもその限界値が設定されている。したがってこの種の軸受では,図 5.13 に示す斜線部の領域に入るように,軸受材料や寸法を選ぶ必要

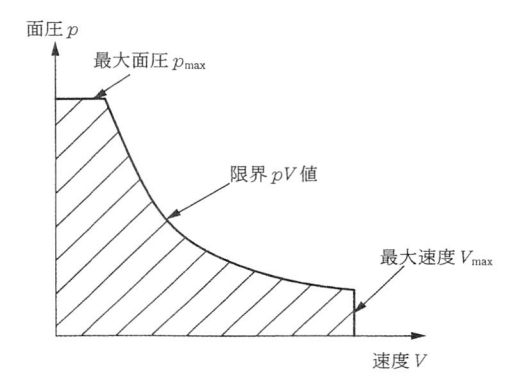

図 5.13 接触型すべり軸受の使用可能範囲（斜線部）

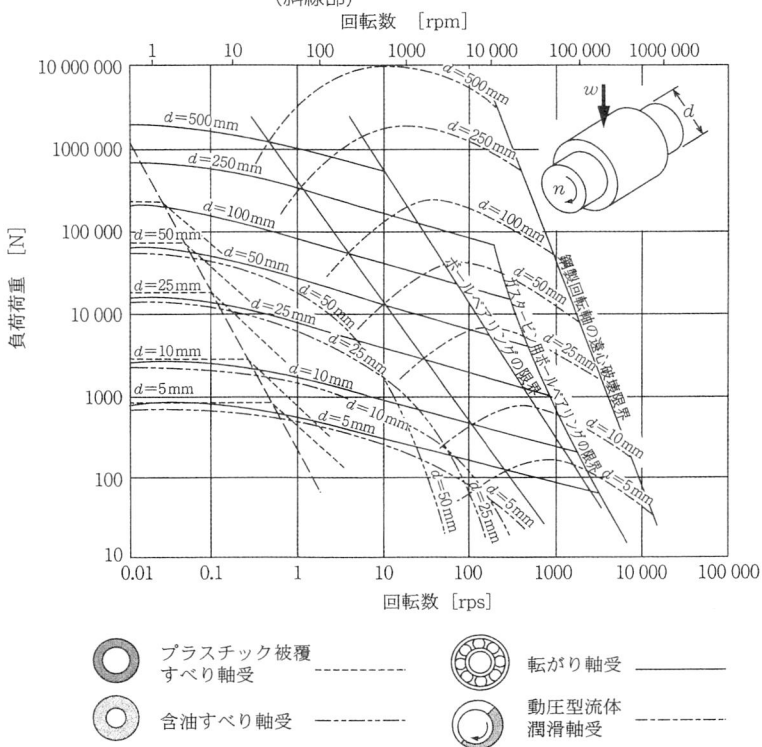

図 5.14 軸受形式による軸受荷重および軸回転数の目安[2)]

がある。p などの使用可能範囲については，それぞれの軸受メーカーのカタログに明記されている。

流体潤滑軸受の場合には，上記のパラメータのほかに，油膜の厚さに関係するパラメータ $\eta V/p$，軸受すきまと軸半径の比 c/r，軸受幅と軸受直径の比 $l/d = l/2r$ などを考える必要がある。c/r は通常，$0.0005 \sim 0.001$，l/d は $0.5 \sim 2.0$ にとる。

図 5.14 に，軸受形式による軸受荷重および軸回転数の目安を示した。ただし，静圧型の流体潤滑軸受は荷重，回転速度のすべての領域で使用できる。

5.5　転がり軸受とすべり軸受との比較

軸受形式としては，前章で示した転がり軸受と本章で扱ったすべり軸受とがあることを説明した。これらの軸受は，その用途によって使い分けられることになるが，**表 5.4** に転がり軸受の特性を基準として，すべり軸受，磁気軸受の特性を比較して示した。磁気軸受は，電磁力によって軸を支持する軸受方式で

表 5.4　転がり軸受の特性を基準とした場合の各種軸受の特性比較

軸受形式	油あるいは水潤滑軸受		気体軸受		接触型すべり軸受	磁気軸受
軸受特性	動圧型	静圧型	動圧型	静圧型		
運動精度	5	5	5	5	1	2
負荷容量	4	3	1	2	1	3
剛性	2	3	1	2	1	4
減衰性	5	5	3	3	3	4
温度上昇	1	2	5	5	1	5
クリーン度	3	3	5	5	2	5
軸受消費動力	2	2	5	5	1	5
製作容易性	2	2	1	1	4	1
保守	3	2	3	2	3	3
寿命	5	5	5	5	1	5
価格	2	1	2	1	4	1

5：優れる　4：やや優れる　3：同程度　2：やや劣る　1：劣る

あり，位置検出センサによって軸位置を検出し，電磁石に流す電流値を制御している。

5.6 すべり案内

すべり軸受において，テーブルなどの直線運動を許しそれを支持するための軸受をすべり案内と呼んでいる。すべり案内には，すべり軸受と同様に自己潤滑案内，境界・混合潤滑案内，流体潤滑案内（動圧型，静圧型）などの種類がある。またその使い方についても，図5.2に示したすべり軸受の例にならって，OA機器など低速，軽荷重の案内では自己潤滑案内あるいは境界潤滑案内，低中速，高荷重（衝撃荷重を含む）のものは混合潤滑あるいは流体潤滑案内が使用

表 5.5 すべり案内の潤滑形式と種類

案内形式	構造	長所	短所
すべり案内 （自己潤滑，境界潤滑型）	固体潤滑剤，含油潤滑剤／テーブル／案内面	・取り付けが容易 ・所要スペースが小さい	・剛性が小さい ・許容速度が小さい
すべり案内 （混合潤滑，流体潤滑動圧型）	潤滑油／油膜	・剛性，減衰性が高い ・摩耗調整が可能 ・所要スペースが小さい	・摩耗係数が大きい 　（0.1～0.3） ・潤滑油の回収・保守が必要
すべり案内 （流体潤滑静圧型）	油圧，空圧／油膜，空気膜	・摩擦抵抗がほとんど零に等しい ・摩耗がない ・運動精度がきわめて良好	・空気静圧の場合，減衰性，剛性に劣る ・油静圧の場合，油の回収・保守が必要
転がり案内	転動体	・摩擦係数が小さい 　（0.005程度） ・潤滑保守が容易 ・許容速度が大きい 　（100 m/min）	・流体潤滑動圧型のすべり案内に比べると，剛性，減衰性が低い ・組立に時間がかかる

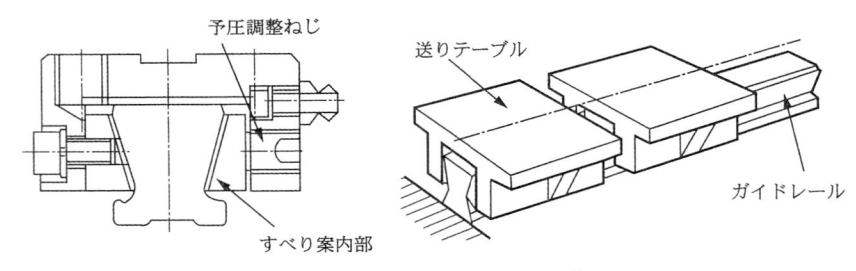

図 5.15 すべり案内ユニット[3]

されている。また静圧型の流体潤滑案内は，送りの運動精度が非常に高いことから，超精密加工機や精密測定器，半導体製造装置の送り機構に多用されている。**表 5.5** に案内形式の特徴を示す。

図 5.15 には，例としてユニット化されたすべり案内の例を示す。このすべり案内は，すべり軸受で構成された送りテーブルとガイドレールからなっている。ガイドレールを所定の位置に取り付け，送りテーブルをガイドレールに挿入するのみで1軸の送りテーブルを構成できる。許容最高速度 $1.0\,[\mathrm{m/s}]$ 以内で許容面圧 $2.9\,[\mathrm{N/mm^2}]$ 程度である。

参考文献

1) 栗村哲弥：NTN Technical Review No. 69 (2001), p. 8
2) M. J. Neal：Tribology Handbook, Butterworth (1973), p. A 2
3) オイレス工業カタログ

コラム 6

Towerの実験

　B. Towerは，英国の鉄道技術者であるが，流体潤滑の歴史上，重大な実験結果を1883年に発表している。Towerは，当時使われていた列車の車両を支えるすべり軸受の実験を行っていた。Towerの実験は，回転する軸を油の中に半分浸し，その上に半円形のすべり軸受を置いたものである。すべり軸受には，軸と軸受の間に油を供給するために，軸受の上に円管が真っ直ぐに立てられ，その中に入れられた油が重力によって軸受すきま内に入るようになっていた。このような準備をして軸を回転してみると，円管内に入っていた油が円管の上からあふれ出したのである。あわてたTowerは，円管に栓をして再度実験を行ったところ，今度はその栓が円管から押し出されてしまったのである。軸の回転によって軸受すきま内に圧力が発生していることが発見された瞬間である。

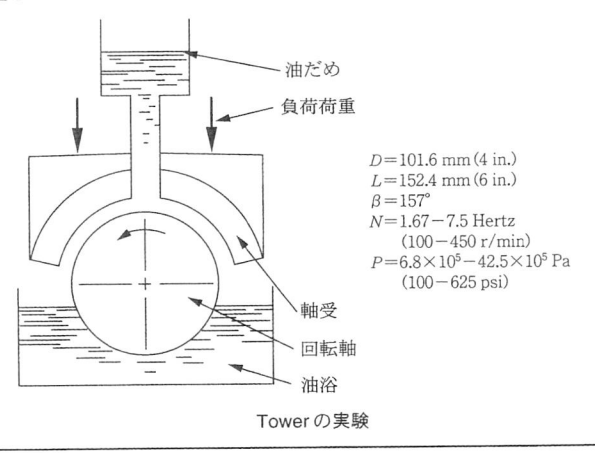

$D = 101.6$ mm (4 in.)
$L = 152.4$ mm (6 in.)
$\beta = 157°$
$N = 1.67 - 7.5$ Hertz
　$(100 - 450$ r/min$)$
$P = 6.8 \times 10^5 - 42.5 \times 10^5$ Pa
　$(100 - 625$ psi$)$

Towerの実験

第6章
動力伝達要素

動力を伝達する方法には，歯車を利用する方法，ベルトやチェーンなどを利用する方法，摩擦力を利用する方法がある。歯車は，標準的な寸法のものが市販されているが，一般には，それぞれの機器に対応するように歯車の形状，材料，精度などを決定し，生産を依頼しなければならない。

6.1 動力伝達の方法

動力を伝達する方法には，**表 6.1** に示すように種々の方法があり，それぞれに長所，短所を持っている。

表 6.1 動力伝達要素の種類

種類	構造	長所	短所
歯車		・駆動軸から従動軸に一定の角速比を伝達できる。 ・連続的な回転運動を確実に伝達できる。 ・低速から高速まで対応可能。 ・小荷重から大荷重，変動荷重など種々の荷重に対応可能。	・振動，騒音がある。 ・一般には，注文生産品であり，高価になる。
巻き掛け伝動 (摩擦利用：平ベルト，Vベルト)		・2軸間の距離が長い場合に使用できる。 ・規格化されており，安価である。 ・潤滑を必要としない。	・すべりを生ずるので，正確な速比を伝達できない。 ・取り付けにある程度の空間を必要とする。 ・寿命が短い。
巻き掛け伝動 (歯のかみ合い利用：歯付きベルト，チェーン)		・歯のかみ合いにより，スリップがない。 ・歯付きベルトは，潤滑不要で，軽量，コンパクトである。 ・規格化されており，安価である。	・チェーンは，騒音があり，潤滑を必要とする。 ・歯付きベルトは，プーリの重量が大きい。 ・急加減速に対応できない。
摩擦車 (トラクションドライブ)		・運転が静かで，伝動の起動停止がなめらかである。 ・速比を連続的に変化させられる。 ・負荷が大きい場合，すべりを生じることで過大な動力を伝達しない。	・すべりを生じるため，正確な速比を伝達できない。 ・摩擦車の接触部の寿命が問題となる。 ・各部品に高い形状精度が要求される。

歯車伝動は，歯を組み合わせることで動力を伝達する。歯面をかみ合わせて動力を伝達するので，駆動軸から従動軸に大きな動力を一定の回転数比で確実に伝達することができるが，歯面の精度がそのまま回転むらに影響する。また歯面の摩耗を防ぐために，歯面の潤滑を適切に行う必要がある。

　巻き掛け伝動は，自転車のチェーンのように，動力を伝達しようとする2点間の距離が離れている場合に使用される。種類としては，摩擦を利用して動力を伝達する平ベルトやVベルト，歯のかみ合いを利用する歯付きベルトやチェーンがある。

　摩擦駆動は，摩擦車を接触させ，その摩擦力を利用して動力を伝達する。最近では，自動車用の無段変速機（CVT）に使用されているが，速度比を連続的に滑らかに変えられる。また各部品形状を高精度に仕上げることができることから，運転が静かで低速から高速までの運転が可能である。しかし従動側の負荷が大きくなると，すべりが大きくなり正確な回転を伝達できなくなる。また大きな動力を伝達するためには，押しつけ力を大きくする必要があり，摩擦車などの寿命が問題となる。

6.2　歯車の種類

　歯車は，上に述べたように，円板の円筒面に設けられた歯を組み合わせることによって，確実に動力を伝達できる機械要素として広く用いられている。歯車の起源は明確ではないが，アリストテレス（紀元前384～322年）が論文に遺しているという。

　歯車は，**表6.2**に示すように，歯車軸の位置関係および歯すじ（歯の先端部）の形状によって分類される。おもな歯車の説明を以下に述べる。

（1）　平歯車

　もっとも広く使われている歯車である。かみ合う歯車の軸は，互いに平行であり，歯すじが直線で，軸に平行になっている。よって歯がかみ合った場合でも，軸方向の分力を生じない。しかし歯車が回転した際，2対の歯がかみ合って

表 6.2　歯車の種類

歯車の分類	歯車の種類
平行軸の歯車	平歯車／ラック／内歯車／はすばラック／はすば歯車／やまば歯車
交差軸の歯車	すぐばかさ歯車／まがりばかさ歯車／ゼロールかさ歯車
食い違い軸の歯車	円筒ウォームギヤ／ねじ歯車

いる区間と1対の歯がかみ合っている区間があり，円周方向剛性が変化するため振動が起きやすく騒音が大きい。

(2) はすば歯車

かみ合う歯車の軸は，互いに平行で歯すじも直線であるが，軸に対して傾いている。歯が傾いているため，歯同士が接触している長さが長くなり，振動が小さくなる。また歯幅が大きくなるため歯車の強度が大きいが，歯がかみ合った場合軸方向の分力を生じる。

(3) やまば歯車

はすば歯車を向き合わせて組み合わせた構造であり，歯車をかみ合わせた場合に，軸方向分力を生じさせないようになっている。しかし加工精度を必要とし製作が難しい。

(4) すぐばかさ歯車

はすじが円錐の頂点から引いた直線と一致する歯車で，2軸の角度が90°になっている歯車である。

歯車は，専門メーカーから標準的な寸法のものが市販されているが，一般には，設計者自身が設計する機器に対応するように歯車の形状，材料，精度などを決定し，生産を依頼しなければならない場合が多い。本書では，歯車の基本的な知識について記述することにし，実際に歯車を設計するために必要となる高度な内容については，他の専門書を参照されたい。

6.3 インボリュート歯車の基礎知識

6.3.1 インボリュート曲線

歯車の歯の形には，サイクロイド歯形，円弧歯形など種々の歯形があるが，

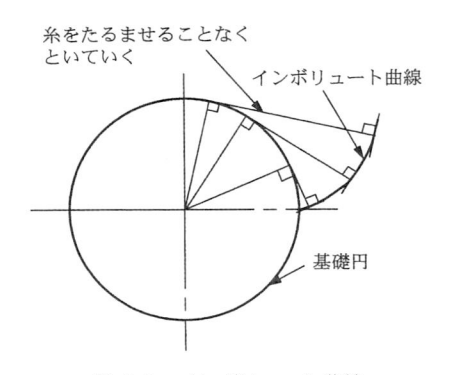

図 6.1 インボリュート曲線

一般には，歯の形がインボリュート曲線をなすインボリュート歯形を持つ歯車（インボリュート歯車）が使用されている。インボリュート曲線は，**図 6.1** に示すように，円筒に糸を巻き付けて，それを弛ませることなく解くとき，糸の先端が描く曲線である。

6.3.2 平歯車のかみ合いと各部の名称

(1) 軸間距離

インボリュート曲線を描くための基本となる円を基礎円といい，その直径を基礎円直径という。**図 6.2** に示すような基礎円直径が d_{b1}, d_{b2} であり，その中心を O_1, O_2 に持つ2つの歯車をかみ合わせるためには，歯車の中心間距離を決めなければならない。基礎円の共通接線を引いたとき，それぞれの円との交点を L_1, L_2 とする。また直線 O_1O_2 と共通接線との交点を P とする。P 点をピッチ点，$O_1P=d_1'/2$，$O_2P=d_2'/2$ を半径とする円をピッチ円といい，その直径をピッチ円直径という。したがって中心間距離 a は，

$$a=(d_1'+d_2')/2 \tag{6.1}$$

となる。

さて $\angle PO_1L_1 = \angle PO_2L_2 = \alpha$ を圧力角というが，この圧力角は JIS に規定されており，20°となっている。従来，圧力角が小さいと歯車のかみ合いによって生ずる騒音が小さいとされ，圧力角が 14.5°の歯車もあった。この圧力角では，か

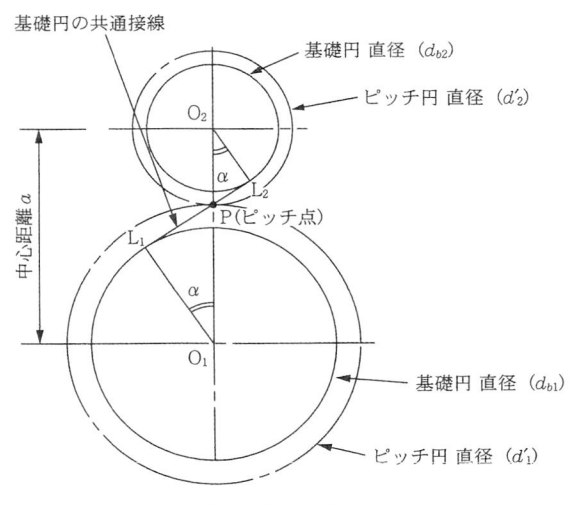

図 6.2 歯車のかみ合い

み合っている歯の数が,通常,2対以上になるので振動が小さくなる。しかし歯の強度は低下するため,現在は規定されていない。圧力角が20°の場合,2対の歯がかみ合っている区間と1対の歯がかみ合う区間が現れ振動が増えるが,歯の強度は大きくなるので,現在は圧力角が20°の歯車が用いられている。

図6.2から,基礎円直径 d_b とピッチ円直径 d' との関係は,

$$d_b = d' \cos \alpha \tag{6.2}$$

であることが分かる。

(2) 歯車のモジュール

ピッチ円直径から中心間距離を求められることを述べたが,ピッチ円直径と歯車の歯数,歯の大きさとの関係については,以下のようになっている。

いま歯車の歯数を z とすると,ピッチ円上で一つの歯から次の歯までの円弧の長さは,図6.3に示すように $\pi d'/z$ となる。これを円ピッチ p という。このとき,

$p/\pi = d'/z \equiv m$(モジュール:単位 [mm])

とおくと,歯数とモジュールを決めることにより,ピッチ円直径の大きさを決

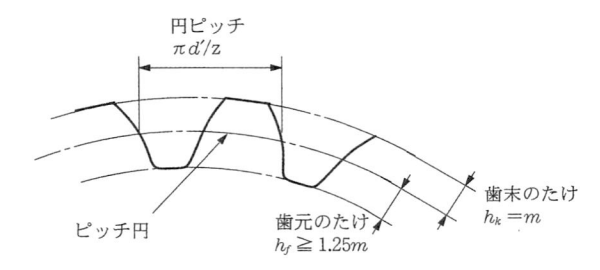

図 6.3 モジュール m の意味

めることができる。モジュールは，円ピッチを決定する数値であるので，かみ合う相手側の歯車のモジュールも同じ値でなければならない。選びうるモジュールの値は JIS に規定されており，**表 6.3** のようになっているが，I 系列のモジュールを優先的に使用することが望ましい。またモジュールは，歯の大きさを表わす数値となっており，図 6.3 に示すように，歯車の歯たけ（歯元と歯末

表 6.3 モジュールの標準値（JIS B 1702-2：1999）

（単位：mm）

I	II
1	
1.25	1.125
1.5	1.375
2	1.75
2.5	2.25
3	2.75
4	3.5
5	4.5
6	5.5
	(6.5)
	7
8	9
10	11
12	14
16	18
20	22
25	28
32	36
40	45
50	

のたけの和）が，ほぼ2×モジュール [mm] となっている。したがって歯車の歯たけを測定することでモジュールを知ることができる。

（3） 歯車の速度比

図6.2から分かるように，歯車は，ピッチ円を持つ円筒が接しながら，滑ることなく回転する機構と同じ速度比を持つと考えることができる。

したがって，歯車1（歯数 z_1）の回転数を n_1 [rpm] とするとき，歯車2（歯数 z_2）の回転数 n_2 [rpm] は以下のように与えられる。

歯車1のピッチ円上の速度 v_1 は，歯車2のピッチ円上の速度 v_2 と等しくなければならないので，

$$v_1 = d'_1 \pi n_1 / 60 = v_2 = d'_2 \pi n_2 / 60 \tag{6.3}$$

となる。よって，

$$n_2 / n_1 = d'_1 / d'_2 \tag{6.4}$$

となる。さらに $d'_1 = mz_1$，$d'_2 = mz_2$ を考慮すると，

$$n_2 / n_1 = z_1 / z_2 \tag{6.5}$$

という関係が得られ，歯車の速度比 i は，歯数比の逆数で与えられることになる。

図6.4に，歯車の各部の名称を示す。

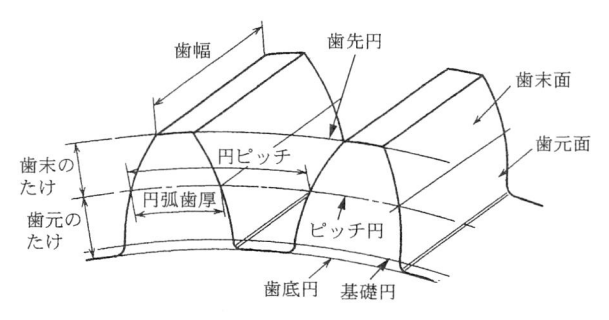

図 6.4 歯車各部の名称

6.3.3 インボリュート歯車の特徴

インボリュート歯車はいろいろな機器に広く応用されているが，その理由は，以下のような特徴を持つためである。

(1) 歯車の創成が容易

インボリュート歯車は，図 6.5 に示すような直線状の歯を持つ歯切り用の工具（ラック）で製作することができるので，高い形状精度を持つ歯車を容易に加工できる。図 6.6 には，歯形がわかりやすいように歯切り工具であるラック工具が回転するように描かれているが，実際の歯切り加工では，加工部材の方

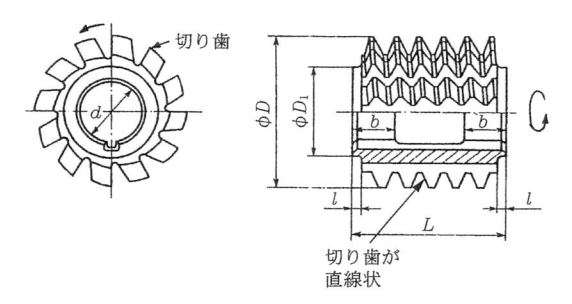

図 6.5 歯切り工具（ラック工具）

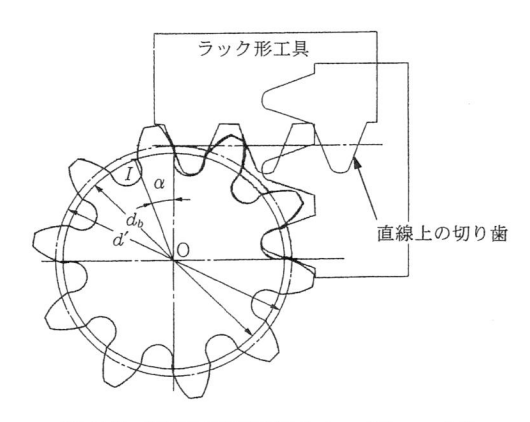

図 6.6 標準平歯車の創成（$\alpha=20°$，$z=10$）

が回転する。

(2) 速度比が常に一定

駆動側の歯車1の回転数を一定とすると，従動側の歯車の回転数も常に一定の値となる。これは，以下のように説明することができる。

図6.7(a)に，歯車1，2における一歯同士のかみ合い状態をかみ合いはじめから，かみ合い終わりまでを示した。図から，歯車の接触点は，基礎円の共通接線L_1L_2上を移動することが分かる。図6.7(b)に，歯車1が一定角速度ω_1[rad/sec]で回転しているとすると，歯のかみ合い接触点は，Δt秒ごとに共通接線上を$P_1, P_2, \cdots, P_n$と移動していく。このときO_1点を中心とする各点の回転速度は，

$$v_1 = r_1\omega_1 = r_0\omega_1/\cos\delta, \quad v_2 = r_2\omega_1 = r_0\omega_1/\cos(\delta+\omega_1\Delta t), \cdots$$
$$v_n = r_n\omega_1 = r_0\omega_1/\cos(\delta+n\omega_1\Delta t) \tag{6.6}$$

となるが，これらの速度の共通接線上の速度を求めると，

$$v'_1 = v_1\cos\delta = r_0\omega_1, \quad v'_2 = v_2\cos(\delta+\omega_1\Delta t) = r_0\omega_1, \cdots \tag{6.7}$$

となり，共通接線上の歯車1の歯の移動速度は$r_0\omega_1$で一定となることが分かる。

次に駆動側歯車1から従動側の歯車2への運動伝達は，共通接線上の一定速度$r_0\omega_1$によって行われるが，これにより，歯車2が一定角速度で回転することを示す。図6.7(c)に，点P_1，点P_2における歯車2の円周方向速度をV_1, V_2とし，そのときのO_2の角速度をΩ_1, Ω_2とする。図から，

$$V_1 = R_1\Omega_1, \quad V_2 = R_2\Omega_2 \tag{6.8}$$

となる。ところで，速度V_1, V_2の共通接線上の速度成分が$r_0\omega_1$に等しいことから，次の関係が得られる。

$$V_1 = r_0\omega_1/\cos\theta_1, \quad V_2 = r_0\omega_1/\cos\theta_2 \tag{6.9}$$

さらに，幾何学的な関係から，

$$R_1 = R_0/\cos\theta_1, \quad R_2 = R_0/\cos\theta_2 \tag{6.10}$$

となるので，式(6.9)，式(6.10)を式(6.8)に代入すると，

$$r_0\omega_1/\cos\theta_1 = R_0\Omega_1/\cos\theta_1, \quad r_0\omega_1/\cos\theta_2 = R_0\Omega_2/\cos\theta_2 \tag{6.11}$$

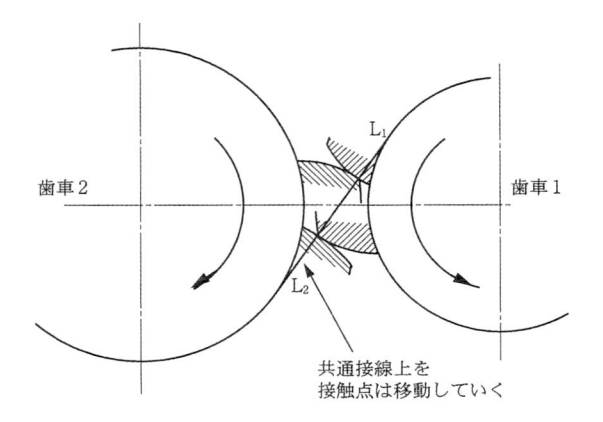

(a) 歯車のかみ合い接触点の軌跡

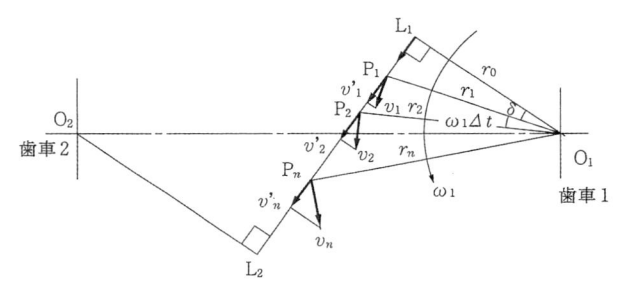

(b)

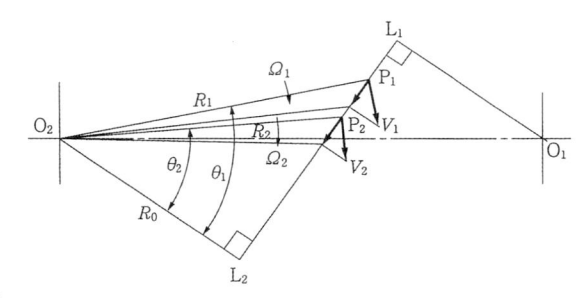

(c)

図 6.7 歯車のかみ合いと回転角速度

となることから,式 (6.11) より,

$$\Omega_1 = r_0\omega_1/R_0 = \Omega_2 \tag{6.12}$$

が得られ,点 P_1 と点 P_2 における角速度は同じであり,歯車2が一定角速度で回転することが導けたことになる。

(3) 歯車がかみ合っているときの力の方向は一定

図 6.8 に示すように,歯車の接触点の力の方向は,常に,基礎円の共通接線上に向いている。したがって歯車が回転しても,歯面に加わる力の方向が変化しないので,回転による歯車の振動を励起しない。この歯面の力 P_n [N] の方向と,ピッチ円の接線方向力 P [N] との間の角度は,圧力角 α となっており,

$$P_n = P/\cos\alpha \tag{6.13}$$

という関係がある。ピッチ円の接線方向力 P [N] が,動力を伝達する力であり,その時の歯車の角速度が ω [rad/sec],ピッチ円直径が d' [m] であるとすると,伝達する動力 L [W] は,

$$L = Pd'\omega/2 \tag{6.14}$$

と与えられる。逆に,L [W] の動力を角速度 ω [rad/sec] で伝達する歯車(ピッチ円直径 d' [m])の歯面には,

$$P_n = 2L/(d'\omega\cos\alpha) \tag{6.15}$$

の力が加わることになる。

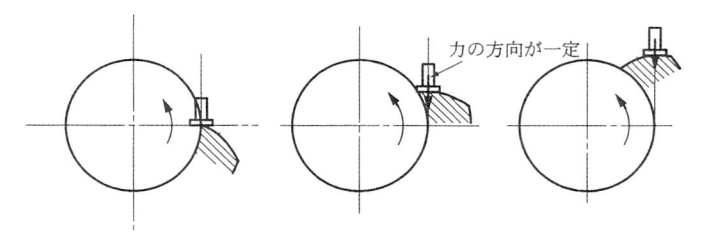

図 6.8 インボリュート歯車の特性

6.4 歯車の精度

歯車は，動力を伝達する要素だが，回転を正確に静かに伝達することも要求されることが多い。そのためには，高い精度が必要となるが，JIS B 1702-1(1998)に円筒歯車(平歯車，はすば歯車)の歯面に関する精度，B 1702-2(1998)に両歯面かみ合い誤差が規定されている。図 6.9(a)，(b)，(c)に，歯車のおもな誤差を示す。

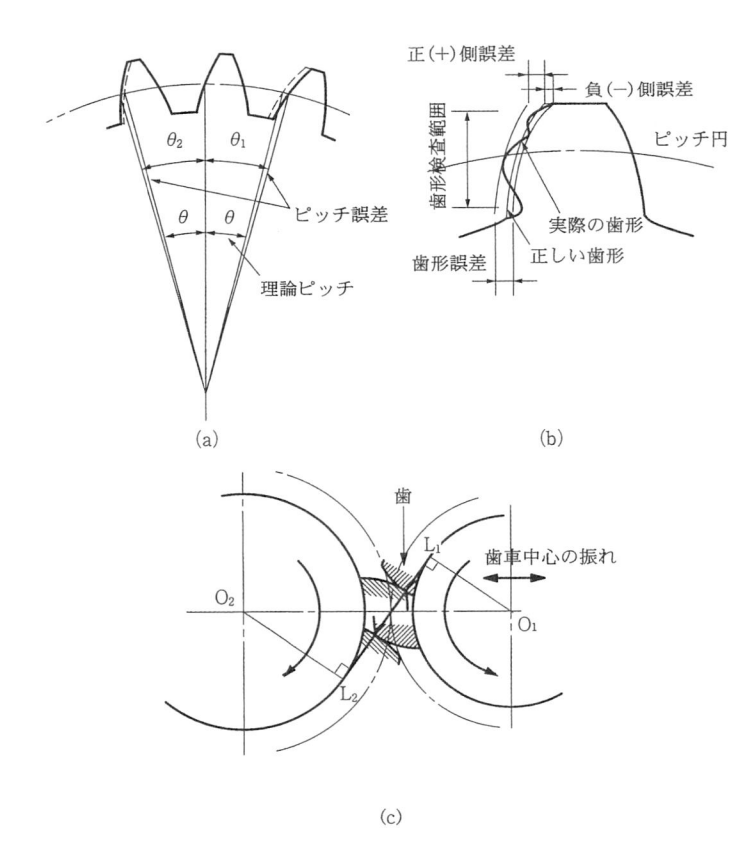

図 6.9 歯車の誤差とその種類

（a） 単一ピッチ誤差

歯車の歯は，本来，ピッチ円上に等間隔に配置されるべきであるが，実際には，加工誤差のため等間隔にはなっていない。このような実際の歯車におけるピッチ間隔と理論ピッチとの差を単一ピッチ誤差という。

（b） 歯形誤差

実際の歯形は，インボリュート曲線から多少の誤差を生じており，このような誤差を歯形誤差と呼ぶ。

単一ピッチ誤差などの歯形に関係した誤差については，0級～12級までの精度等級が規定されている。

（c） 両歯面かみ合い誤差

歯車の精度としては，歯車をかみ合わせて1回転させた際の中心距離の変化量を示す両歯面かみ合い誤差がある。この誤差には，4級～12級までが規定されている。両誤差ともに，等級の数が小さい方が精度がよい。

6.5 歯車のバックラッシ

歯車の歯は，前項で述べたように，必ずしも理想的な形状に加工されているわけではなく，誤差を伴う。したがって，歯車同士をまったくすきまのない状態でかみ合わせると，形状誤差のために歯車はスムースに回転しない。かみ合っている歯車をスムースに回転させるためには，図 6.10 に示すように，歯車間に形状誤差よりも大きいすきまを作る必要がある。これをバックラッシという。バックラッシには，法線方向（共通接線方向）：j_n，円周方向：j_t，中心間距離方向：j_r の3種類があり，それぞれの関係は，以下のような式で与えられる。

$$j_r = t_n/(2\sin\alpha) \tag{6.16}$$

$$j_n = j_t \cos\alpha \tag{6.17}$$

バックラッシを設ける方法としては，加工時に歯車の歯厚を小さくする方法と中心間距離を広げる方法がある。市販の歯車では，前者の方法をとっている

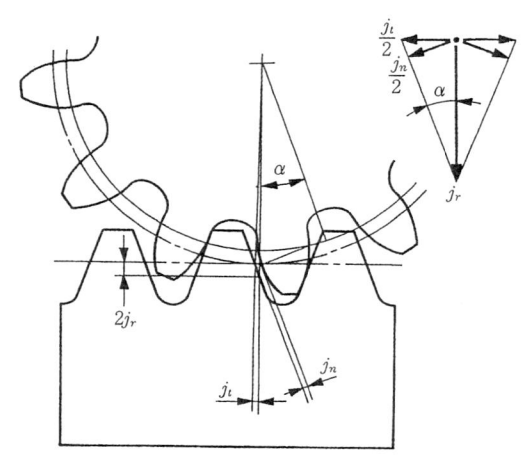

図 6.10　バックラッシとその方向
　　　　（J_n：法線方向，J_t：円周方向，J_r：中心間距離方向）[1]

ものが多い．この場合，設計者は，式 (6.1) から得られる中心間距離を設定することで，バックラッシが作られるようになっている．

6.6　転位歯車

歯車の歯数を少なくしてゆくと，理論上は歯数が 17 以下（実用上は 14 以下）になると歯の根もと（歯元）が削られる現象が現れる．この現象を切り下げというが，歯車の歯元が削られると，歯の曲げ強度が低下し，大きな動力を伝達できなくなる．歯の切り下げを避けるために，転位という手段が用いられる．

図 6.11(a) に示すように，歯数が 12 の歯車をラック工具で歯切りを行うと，標準平歯車では，ラック工具の中心線と歯車のピッチ円を一致させて，歯切りを行うので，歯車の歯元が削られてしまうことが分かる．そこでラックの中心線とピッチ円を一致させないで，ピッチ円よりも歯先に中心線をずらして歯切りをしてみると，図 6.11(b) に示すように，歯元が削られることなく，歯厚を広く取れることが分かる．このようにラックの中心線を歯車中心から遠ざける場合を正転位，近づける場合を負転位という．またずらす量を転位量 [mm] と

いい，

$$転位量 [\mathrm{mm}] = モジュール [\mathrm{mm}] \times \chi (転位係数) \quad (6.18)$$

という関係を用いて，転位係数で転位量を表す．

ただし，正転位を大きくしすぎると，歯先がとがる現象が現れるので，正転

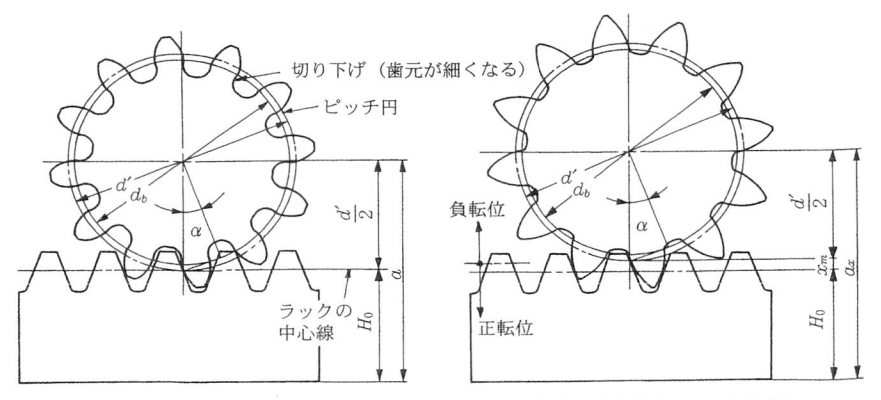

(a) 標準平歯車とラックのかみあい
　　　($\alpha_0 = 20°$, $z_1 = 12$, $x_1 = 0$)

(b) 転位平歯車とラックのかみあい
　　　($\alpha_0 = 20°$, $z_1 = 12$, $x_1 = +0.6$)

図 6.11　歯車の切り下げと転位歯車[1]

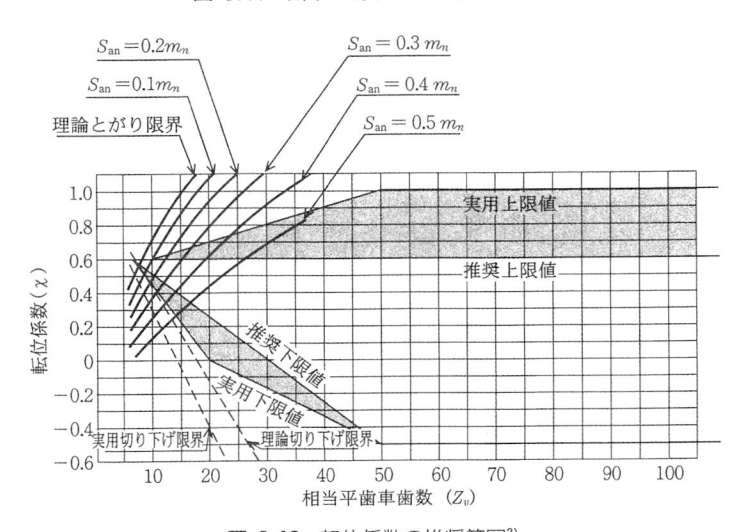

図 6.12　転位係数の推奨範囲[2]

位量にも限界（とがり限界）がある．推奨する転位係数の範囲が，日本歯車工業会によって制定されており，その図を図 6.12 に示す．

6.7 歯車の強度

歯車が動力を伝達する際，その歯面には式 (6.15) に導いたような力が加わる．この力に加え，機械にはいろいろな外力が加わるので歯車に加わる力も一定ではなく，変動的な力や衝撃的な力が加わる．このような力が加わった場合に考慮すべき歯車の強度として，おもに曲げ強度と面圧強度がある．これらの歯車の強度は，歯車の材料，モジュールによって決定されるので，設計者は，これらを選定することになる．

6.7.1 歯車の材料

歯車材料のおもなものとして，炭素鋼や合金鋼，黄銅およびプラスチックが挙げられる．黄銅やプラスチックは大きな動力を伝達することはできないが，AV 機器，OA 機器など比較的軽荷重で，動力伝達よりは運動伝達を主とする場合に現在は使用されることが多い．

(1) 鉄鋼材料

動力伝達用としては，炭素鋼（S 35 C～S 48 C）や合金鋼（SCM，SNCM，SCr）がおもに使用される．またこれらの材料は，強度を高めるために，適当な熱処理（焼き入れ・焼き戻し，浸炭，窒化）を施すのが一般的である．

(2) プラスチック材料

プラスチック材料は，鉄鋼材料に比べ硬さや強度の点で劣るが，その他の点で優位点を持っており，鋼製歯車をしのぐ個数が各種機械（化学，食品，家電，OA，精密など）に広く使用されている．表 6.4 に，プラスチック歯車の特徴と使用上の注意事項を示す．

表 6.4 プラスチック歯車の特徴

特　　徴
・小型化が容易で軽い。
・振動吸収性があるため，騒音が少ない。
・薬品に侵されにくく，さびない。
・自己潤滑性があるために，潤滑油なしの運転が可能である。
・量産が可能なため，安価である。

使用上の注意事項	
発熱	プラスチック材は，熱伝導率が小さいので，温度が上昇しやすい。発熱が懸念される場合には，金属製歯車と組み合わせることにより，冷却効果を高めることができる。
熱膨張と吸湿性	プラスチック材料は，熱膨張と吸湿性による寸法変化が大きい。したがって，バックラッシおよび中心間距離を大きく取る必要がある。目安として，バックラッシは，モジュールの 6〜10% 程度にとる。中心間距離は，モジュールの 20% 程度をプラスして設定する。
取り付けによる割れ	プラスチック歯車と軸を取り付ける際は，軸を D 字型に加工し圧入する方法が一般的である。その際，歯車の D 字型の穴に応力集中が起こるので，割れを生じないよう注意する。
潤滑	低速，軽荷重の場合は，潤滑を必要としないが，中荷重や効率の低いウォーム歯車の場合などには，グリース潤滑を行う。
成形時のひずみ	プラスチックは，成形時の冷却速度の違いにより，形状が歪む。よって肉厚は均一とし，かつあまり厚くならないよう注意する。
一体化成形	プラスチックは，成形時に複数の歯車を一体化して成形することができるので，工夫することにより，小型化とコスト削減が可能になる。

6.7.2 歯車の曲げ強度

歯車の曲げ強さの計算式は，1892 年にルイス（W. Lewis）によって提案されている。ルイスは，荷重が加わっている 1 枚の歯を一端を固定したはり（片持ちはり）と考えることにより，歯元に生じる曲げ応力を求めた。いま図 6.13 に示すように，歯先面に垂直加わる荷重 P_n を考え，P_n の作用線と歯の中心線の交点を A とする。さらに点 A を頂点とし，歯元曲線に内接する放物線を描き，その内接点を点 B，C とする。はりの高さを l，BC の長さを S_f とすると，はりに加わる曲げモーメントは，

$$M = P_1 l = P_n l \cos \beta \tag{6.19}$$

となり，歯元の曲げ応力は，以下のように与えられる。

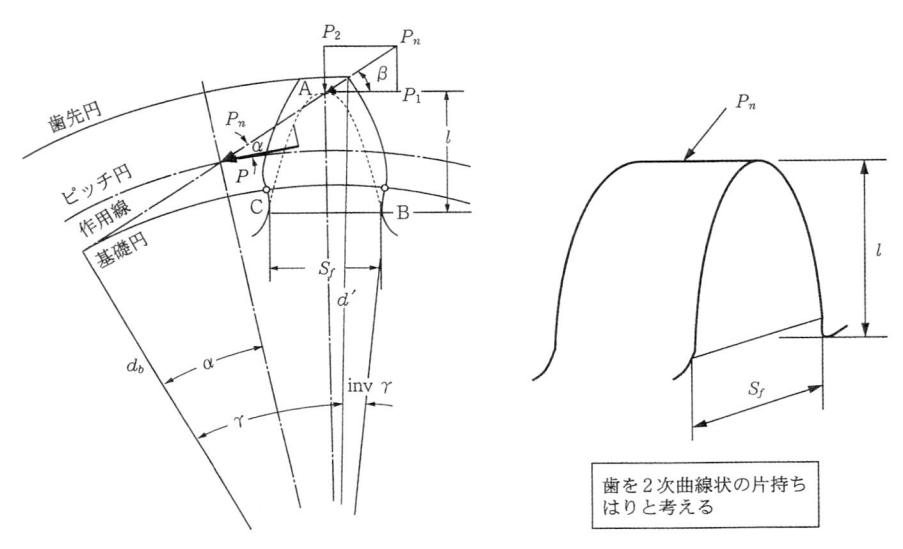

図 6.13 歯車の曲げ強度の考え方（Lewis の式）

$$\sigma_b = \frac{6P_1 l}{bS_f^{\,2}} = \frac{6P_n l \cos\beta}{bS_f^{\,2}} \tag{6.20}$$

一方，ピッチ円上の伝達力 P は，$P = P_n \cos\alpha$ で与えられることから，上式は，

$$P = \sigma_b b \frac{\cos\alpha}{\cos\beta} \frac{S_f^{\,2}}{6l} \tag{6.21}$$

となる。さらに，モジュール m を式内に導入するために，$S_f = mS_f'$，$l = ml'$ という変数を考えることにより，

$$P = \sigma_b bm \frac{\cos\alpha}{\cos\beta} \frac{S_f'^{\,2}}{6l'} = \sigma_b bm Y \tag{6.22}$$

ここで，Y は歯形係数という。

この式は，歯車に加わる一定荷重と歯元応力の関係を示したものであるが，歯車の曲げ強さを求めるためには，繰り返し荷重による疲れ限度を求める形に式を置き換える必要がある。さらに曲げ強さには，荷重のほかに種々の影響因子があり，それらの影響も考慮しなければならない。したがって影響因子として何を考慮するかによって式の形が異なり，これまでに種々の強度式が提案されている。たとえば，Lewis の式，BS（イギリス国家規格）の式，AGMA（ア

メリカ歯車工業会)の式，JGMA(日本歯車工業会)の式，日本機械学会(JSME)の式など，多数の式が提案されている．ここでは，これらの式の詳細は記述しないが，さらに詳しく知りたい方は，まず，Lewisの式を理解した上で，JGMAの規格（JGMA 401-01）を調べることを勧める．

6.7.3 歯車の面圧強度

歯面にある一定以上の大きな繰り返し力が加わると，歯面あるいは歯面内部に小さなクラック（亀裂）が生じる．点在するクラックは，荷重が繰り返し加わるごとに成長し，ついには，クラック同士がつながり合い，その部分が表面からはがれ落ちる．この現象をピッチングというが，歯面強度はこのピッチングに対する強度をいう．

歯面強度は，かみ合う歯車の面を図 6.14 に示すように 2 つの接触円筒に置き換えて考える．このようにすることにより円筒の接触面圧を Hertz の弾性接触理論 (1882) に基づいて計算でき，歯面強度が求まる．歯面強度もモジュールに関係しており，モジュールが大きくなるにつれ，歯面同士の接触面積が増すため，同じ接触力であるならば，接触面圧が減少し歯面強度が増すことになる．

市販の歯車を用いる場合には，カタログ中に歯車の曲げ強度，面圧強度に対応させた許容トルク［N・m］の値が記述されている場合もあるので，参考にすると良い．

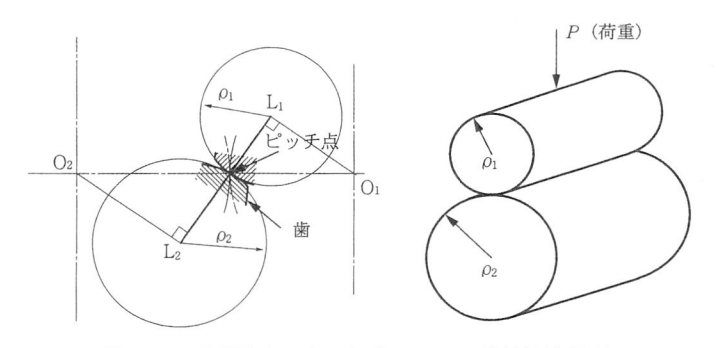

図 6.14 歯面強度の考え方（Hertzの弾性接触理論）

6.8 歯車機構と速度比

6.8.1 1段歯車機構

　歯車は歯を組み合わせることで動力や運動を伝達するが，1対の歯を組み合わせたもっとも単純な歯車機構を1段歯車機構という。図 6.15(a) には，平歯車を組み合わせた例を示したが，他の歯車形式を組み合わせた場合も同様である。図に示すように，駆動側の歯車の歯数を z_1，回転数を n_1 とし，従動側の歯車の歯数を z_2，回転数を n_2 とすると，歯数比と従動側の駆動側に対する速度比は，以下のような関係となる。

$$z_1/z_2 = n_2/n_1 \tag{6.23}$$

ここで，$z_1/z_2 = n_2/n_1 < 1$ の場合：減速歯車機構
　　　　$z_1/z_2 = n_2/n_1 = 1$ の場合：等速歯車機構
　　　　$z_1/z_2 = n_2/n_1 > 1$ の場合：増速歯車機構

という。

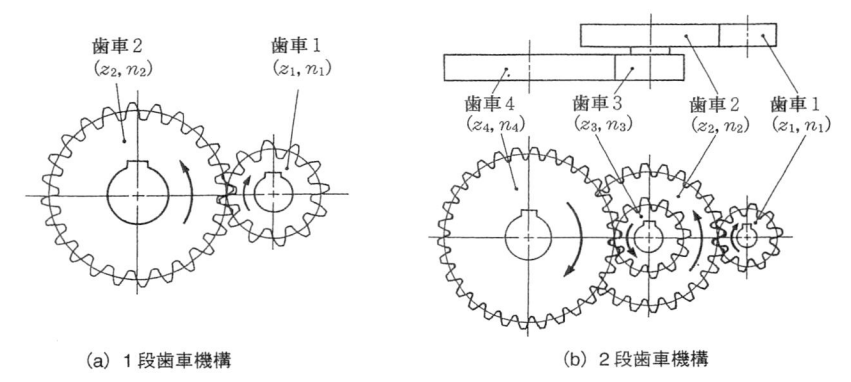

(a) 1段歯車機構　　　　(b) 2段歯車機構

図 6.15　歯車機構[1]

6.8.2　2段歯車機構

　図 6.15(b) に示すような形で，2対の歯車をかみ合わせた機構を2段歯車機

構という。ただし，歯車2と3は同じ軸に取り付けられていることから，回転数（$n_2 = n_3$）は同じになる。この場合の歯車1に対する歯車4の速度比は，以下のようになる。

 1軸から2軸への回転数比は，$n_2/n_1 = z_1/z_2$ (6.24)
 2軸から3軸への回転数比は，$n_4/n_3 = z_3/z_4$ (6.25)

 式 (6.23) と式 (6.22) の各辺をかけ合わせると，
$$(n_4/n_3) \times (n_2/n_1) = (z_3/z_4) \times (z_1/z_2)$$
$n_2 = n_3$ であることを考慮すると，
$$n_4/n_1 = (z_1 \times z_3)/(z_2 \times z_4) \tag{6.26}$$
が得られる。

6.8.3 遊星歯車機構

遊星歯車機構の構造を**図 6.16**に示す。機構の中央部に太陽歯車 A があり，その回りに2個以上の遊星歯車 B，遊星歯車軸を支えるキャリヤ，さらにその外側に内歯車 C がある。遊星歯車機構の特徴としては，

① 2個以上の遊星歯車を用いることから，個々の歯車への負荷分担が可能となり，装置の小型化が容易である。

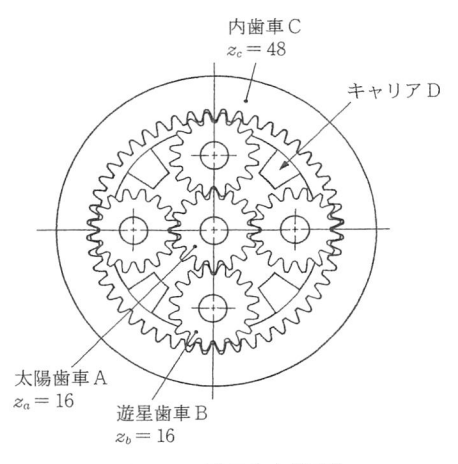

図 6.16 遊星歯車機構[1]

②　入力軸と出力軸を同一軸上に配置することができる。

ことなどが挙げられる。このような特徴を生かして，自動車用減速機をはじめ，種々の機器に応用されている。

6.8.4　遊星歯車機構の種類と速度比

　遊星歯車機構には，入力軸，出力軸，運動を拘束する軸（補助軸）の3個の軸がある。これらの軸が，太陽歯車や内歯車（記号はともにKで表す），遊星歯車（記号V），キャリア（記号H）のいずれに連結されているかによって分類さ

表 6.5　遊星歯車の形式と速度比

形式	速度比 (z_a=16, z_b=16, z_c=48 のときの回転数比)	構造
プラネタリ型	$\dfrac{z_a}{z_a+z_c}$ $=0.25$	Kb（固定），V，H，Ka
ソーラ型	$\dfrac{z_c}{z_a+z_c}$ $=0.75$	Kb，V，H，Ka（固定）
スター型	$-\dfrac{z_a}{z_c}$ $=-0.33$	Kb，V，H（固定），Ka

＜歯数＞太陽歯車Ka：z_a，遊星歯車V：z_b，内歯車Kb：z_c，キャリアH

れている。たとえば，2K-H型では，2軸が太陽歯車と内歯車に連結され，1軸がキャリアに連結された歯車機構である。そのほかに，3K型，K-H-V型がある。また，2K-H型においては，3軸のうちどの軸を補助軸にするかによってソーラ型，スター型，プラネタリ型の3種類に分類されている。**表6.5**に，それらの型の構造と速度比を示す。

6.9 巻き掛け伝動

巻き掛け伝動は，電動機などの駆動軸から離れた位置にある従動軸に，ベルトやチェーンを用いて動力を伝達するために用いられる。ベルトの種類としては，**図6.17**に示すように，平ベルト，Vベルト，歯付きベルトがあり，これらのベルトは，プーリといわれる円筒状の部品に巻き掛けて使用される。チェーンの場合は，スプロケットに巻き掛ける。これらの機械要素は，専用メーカーにより製作されているので，設計者は，メーカーカタログから仕様にあったものを選べばよい。また選定に必要になるベルトの大きさや長さ，伝動能力など

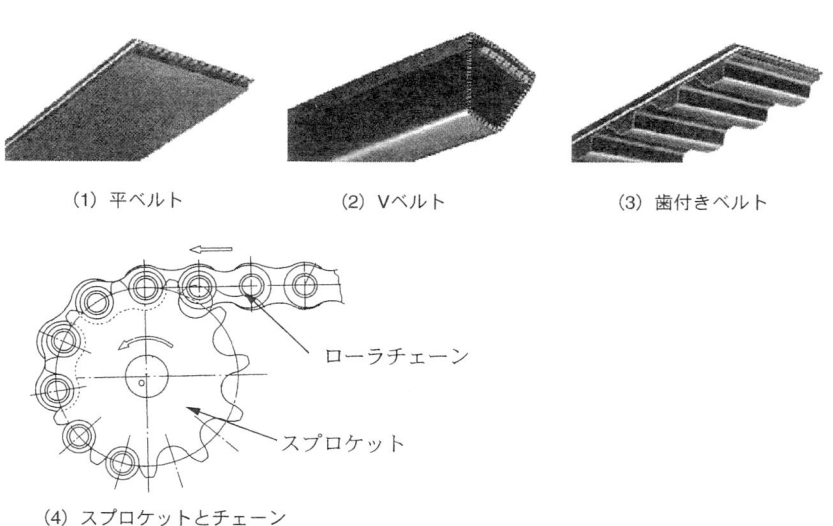

(1) 平ベルト　　(2) Vベルト　　(3) 歯付きベルト

(4) スプロケットとチェーン

図6.17　ベルトの種類とローラチェーン[3]

は，各メーカーのカタログにその計算法が明記されているので，それを参照すればよい。また最近では，数値を代入するだけで，製品が選べるようなソフトウェアを準備しているメーカーもある。

6.9.1　平・Vベルト伝動

平ベルトやVベルトはプーリとベルト間の摩擦を利用して動力を伝達するので，ベルトが緩むと摩擦力が低下し，すべりを生じる。よって十分な動力を伝達できるようにするため，図 6.18 に示すように2つのプーリの間隔を広げることによって力を加え，ベルトに張力を生じさせる必要がある。

Vベルトは，図 6.19 に示すように，ベルトの端部でプーリとの間に摩擦力を生じさせるが，端部が傾いているために，平ベルトに比べて大きな摩擦力を生じさせることができる。よって，現在では，動力伝達用としては平ベルトよりはVベルトが多用されている。なおこれらのベルトとプーリ間には，つねに微

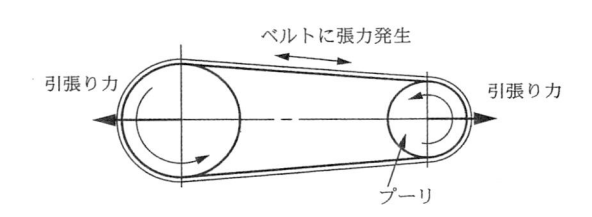

図 6.18　ベルト張力を与える方法

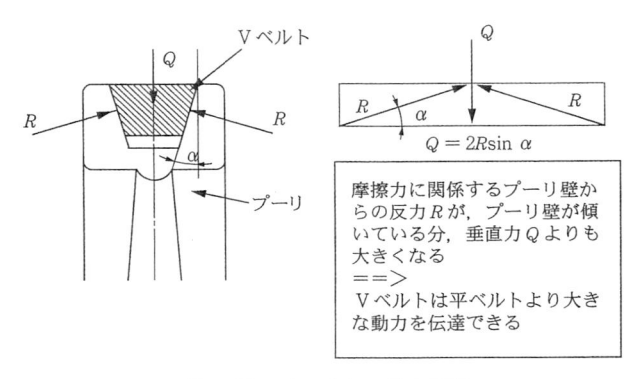

$Q = 2R\sin \alpha$

摩擦力に関係するプーリ壁からの反力 R が，プーリ壁が傾いている分，垂直力 Q よりも大きくなる
==>
Vベルトは平ベルトより大きな動力を伝達できる

図 6.19　Vベルトの動力伝達

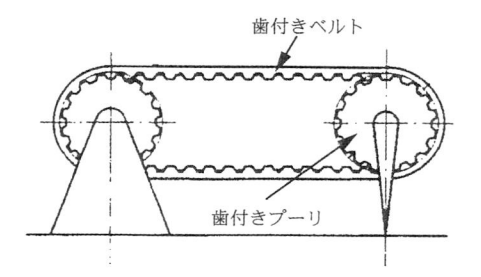

図 6.20 歯付きベルトの形状

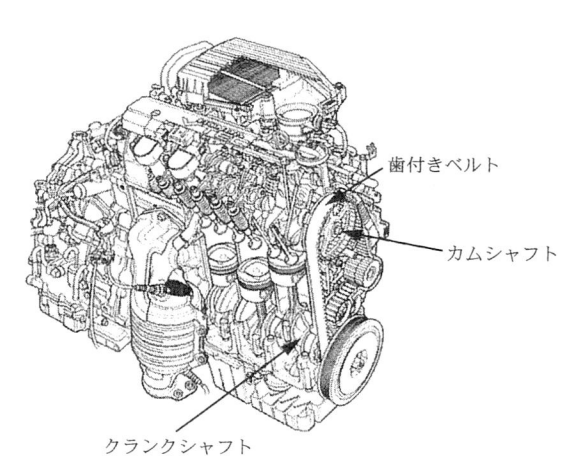

図 6.21 自動車用エンジンへの歯付きベルトの適用例[4]

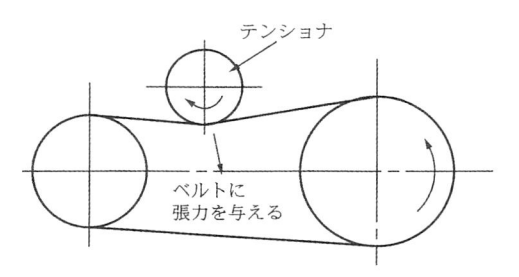

図 6.22 テンショナによるベルト張力の与え方

小なすべりが生ずるため，回転運動を正確に伝達することは難しい。

6.9.2 歯付きベルト

図 6.20 に示すように，歯付きベルトはチェーンと同様，歯の付いたプーリに巻き掛けて使用される。したがって歯がかみ合うことで動力を伝達するので，平ベルトや V ベルトに比べて，正確な速度を伝達することができる。またチェーンのように潤滑を必要とせず，かみ合う際の騒音も少ないことから，図 6.21 に示すように自動車用エンジンのカム軸への伝動に使われている。さらに歯付きベルトは，プーリの回転を制御することで，ベルトに取り付けられた物の位置を容易に制御できることから，OA 機器やコピー機などの送り装置に多用されている。

歯付きベルトにおいても，ベルトに適当な張力を生じさせることは必要であるが，大きすぎるとベルトの寿命が短くなる。また小さすぎると，ベルトの歯がプーリの歯の上に乗り上げ，両者がかみ合わなくなる。ベルトの張力は，一般にプーリ間隔を調節することで行うが，軸間距離の調整機構が付けられない場合には，図 6.22 のようにテンショナによって張力を与えることは可能である。しかしベルトの寿命を短くする欠点がある。

6.9.3 ベルトの取り付け誤差

ベルトを取り付ける際には，プーリ間の相対的な取り付け誤差がベルトの寿

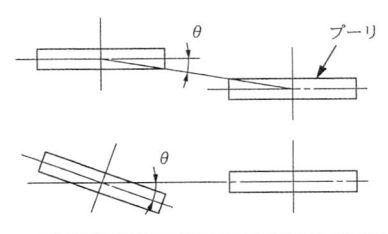

ベルト幅（mm）	30 以下	30〜50	50〜100	100 以上
許容平行度(°)	1/200 以下	1/250 以下	1/330 以下	1/500 以下

図 6.23　プーリの取り付け誤差

命や運動性に影響するので注意する必要がある。図 6.23 に 2 つのプーリ間に生ずる取り付け誤差の例とその許容値を示す。

6.9.4　V ベルトおよび歯付きベルトの選定法の手順
　　（JIS B 1854：1987，B 1856：1993）

　V ベルトや歯付きベルトを用いて動力を伝達したい場合のベルト機構の設計法については，JIS にその設計手順が述べられている。ここでは，その手順を示すが，式や表などの詳しい情報は JIS を参照されたい。

① 設計動力の算出：ベルト駆動の連続使用時間によって，安全のため補正係数をかけて設計動力を実際の動力よりも大きめに算出する。

② ベルトの種類と形式の選定：設定動力と小さい方のプーリの回転数によって種類などを決定する。

③ プーリ径の決定：最小プーリ径がベルトの形式によって決められているので，小さい方のプーリ径はそれよりも大きくすればよい。大きい方は回転比から決まる。

④ ベルト長さの決定：ベルトの長さは，大小プーリの径，軸間距離が決まれば，与えられた式から決定できるが，任意の値をとれるわけではなく，標準値が決められている。したがって，得られたベルトの長さに近い標準値をベルト長さとする。

⑤ 軸間距離の算出：標準値の長さのベルトを用いた場合の軸間距離を算出する。

⑥ ベルトの伝動動力容量の決定：V ベルトでは，ベルト 1 本あたりの伝達容量，歯付きベルトでは，25.4 mm あたりの伝達容量を求める。

⑦ V ベルトの本数および歯付きベルトの幅の決定：①で求めた設定動力を⑥で求めた伝達容量で割ることにより，V ベルトの本数，歯付きベルトの幅の決定する。

⑧ 初張力の決定：はじめにベルトに与えておくべき張力を計算する。

参考文献

1) 小原歯車工業カタログ
2) 日本歯車工業会規格（JGMA 611-01）「円筒歯車の転位方式」，解説図 10
3) 三星ベルトカタログ
4) 本田技研工業・技術資料より

コラム 7

歯車の効率はどのくらい？

　機械における効率の定義は，（機械のなしうる仕事エネルギー）/（機械に入力したエネルギー）と考えられる。このように定義された効率から，1 対の平歯車の伝達効率を求めると 98% というきわめて高い効率を示す。すなわち，駆動歯車に入力した動力は，ほとんど歯車伝動によってロスされることなく，従動歯車の出力として使用することができるのである。

　ところが，平歯車の効率があまりに良すぎることから入力と出力の差が小さく，実測することが大変難しいのである。その結果，効率とその値を支配する影響因子の解明は，いまだに十分になされているとはいえない。歯車の効率を実験的に求めるためには，歯車を軸受で支持することがどうしても必要になるが，軸受損失と歯車損失をどうしてもうまく分離できないのである。

　2% のロスぐらいならどうでもいいと思うかもしれないが，現在世界中で使用されている歯車装置の数を考えると，効率が 1% 改善されただけでも，相当量のエネルギーの節約ができるものと思われる。

　歯車効率の測定法について，名案は出るのだろうか。

第7章
その他の機械要素

機械要素にはさまざまなものがあるが，本章では，ばねとシールについて解説する。ばねは使用する材料によって金属ばね，ゴムばね，空気ばねに分けることができ，一般的には金属ばねが数多く使用されている。シールは，油などの流体が漏れ出すことを防ぐための機械要素で，オイルシールやパッキン，Oリングなどがある。

7.1 ばね

ばねは，保守の必要がなく，形状も簡単で安価に製作できることから種々の機械に使用されている。ばねの使い方としては，以下のようなことが考えられる。

① 弾性エネルギーを蓄えることによって，時計のゼンマイのように動力源として使用する。
② ばねの変形を利用して，部品に一定の力を加え精度や性能を高める。
③ 物体をばねで支持することによって，振動の伝達を防いだり，衝撃を緩和する。

ばねの設計法はJISに規定されており，それに基づいて設計されるが，設計者は，ばねの使用条件などを明記した仕様書をばねメーカーに提出し，製作を依頼することが多い。またばねメーカーも，いくつかの標準品を準備しているので，仕様が合えばその中から選ぶことも可能である。いずれにしても設計者は，どのようなばねが必要とするかの決定を行えばよいことになる。

7.1.1 ばねの種類

ばねは使用する材料によって，金属ばね，ゴムばね，空気ばねに分けることができるが，一般的には金属ばねが数多く使用されている。表7.1に，金属ばねの種類を示す。

7.1.2 ばねの材料

ばねに使用される材料については，表7.2に示すような形でJISに規定されている。したがって設計者は，この中から材料を選定すればよい。なお，用途として特に必要とされる特性がある場合には，表中の丸印を記した材料を選べばよい。

表 7.1 金属ばねの種類

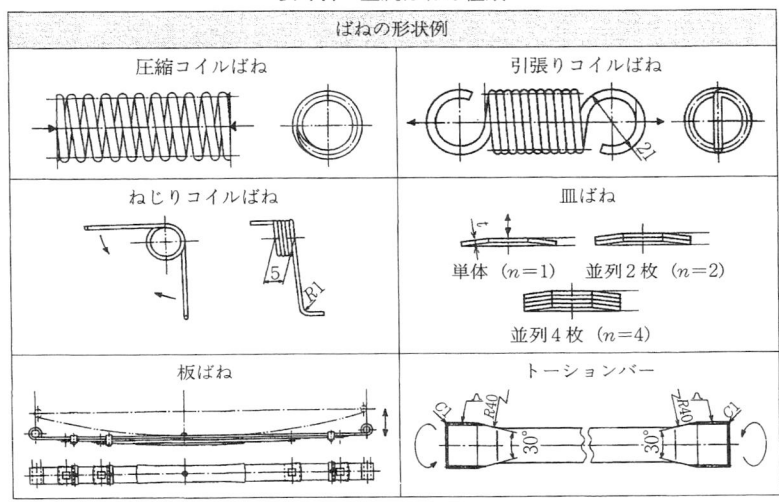

ばねの形状例	
圧縮コイルばね	引張りコイルばね
ねじりコイルばね	皿ばね 単体（$n=1$）　並列 2 枚（$n=2$） 並列 4 枚（$n=4$）
板ばね	トーションバー

表 7.2 ばねの材料と特性

材料		縦弾性係数 E(GPa)	横弾性係数 G(GPa)	用途					
				汎用	導電	非磁性	耐熱	耐食	耐疲労
ばね鋼鋼材		196.0	78.5	○					
硬鋼線				○					
ピアノ線				○					○
オイルテンパー線				○					○
ばね用ステンレス鋼線	SUS 302	176.4	68.5	○			○	○	
	SUS 304			○			○	○	
	SUS 304 N 1			○			○	○	
	SUS 316			○			○	○	
	SUS 631 J 1	184.2	75.5	○			○	○	
銅合金	黄銅線 洋白線	107.8	39.2		○	○		○	
	りん青銅線	98.0	42.1		○	○		○	
	ベリリウム銅線	127.4	44.1		○	○		○	

表 7.3 ばねの要目表とその説明

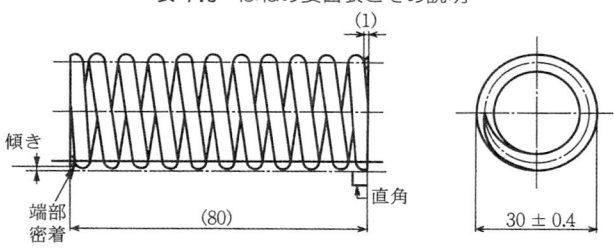

項目			SWOSC-V	説明
材料			SWOSC-V	弁ばね用オイルテンパー線
材料の直径		[mm]	4	
コイル平均径		[mm]	26	
コイル外径		[mm]	30±0.4	
総巻数			11.5	
座巻数			各1	
有効巻数			9.5	3以上の巻数とする
巻方向			右	
自由高さ		[mm]	(80)	荷重が加わらないときのばね高さ
ばね定数		[N/mm]	15.3	全たわみの30~70%にある2つの荷重点の差とたわみの差から定める
指定	荷重	[N]	—	
	荷重時の高さ	[mm]	—	
	高さ	[mm]	70	全たわみの20~80%になるように定める：全たわみ＝80－44＝36
	高さ時の荷重	[N]	153±10%	全たわみの20~80%になるように定めたときの荷重
	応力	[N/mm²]	190	ばね部材内応力
最大圧縮	荷重	[N]	—	
	荷重時の高さ	[mm]	—	
	高さ	[mm]	55	最大圧縮時のばね高さ
	高さ時の荷重	[N]	382	最大圧縮時の荷重
	応力	[N/mm²]	476	最大圧縮時の部材内応力
密着高さ		[mm]	(44)	すきまを無くした場合の高さ，一般には指定しない
コイル外側面の傾き		[mm]	4以下	ばねを立てたときの上下端外周の水平方向位置誤差
コイル端部の形状			クローズドエンド（研削）	端部の部材を密着させ，研削する
表面処理	成形後の表面加工		ショットピーニング	
	防せい処理		防せい油塗布	さび止め油を塗る

7.1.3 ばねを注文するための仕様書（JIS B 2704 など）

ばねは，設計者が使用目的に合うばねの仕様書を作成し，ばねメーカーに製作を依頼するのが普通である．表 7.3 に，圧縮型コイルばねの仕様書(要目表)の一例を示す．

なお，ばねの設計計算法については，JIS B 2704 などに使用する式が詳細に述べられているので，それを参照するとよい．

7.2 シール

機械装置には，運動部品の摩擦や摩耗を低減するために，潤滑油やグリースが頻繁に使用される．したがってこれらの油が，流入してはならない箇所に漏れ出したり，機械外に流出しないようにする必要がある．また機械を動かすために，圧力の高い空圧や油圧を用いる機器もある．これらの機器では，高圧の空気や油が漏れると，機械が果たすべき機能を発揮できなくなる．シールは，このような油などの流体が漏れ出すことを防ぐための機械要素である．

シールの種類は，表 7.4 に示すように運動用シールと固定用シールに分類できる．運動用シールのうち，回転運動をする軸のシールにはオイルシールやメカニカルシールがよく使用され，往復運動をする軸のシールにはパッキンが用いられる．固定用としては，O リングを使用するのが一般的である．

表 7.4 シールの分類と種類

使用状態		おもな分類	種類
運動用シール	往復用	パッキン	リップパッキン (U パッキン，V パッキンなど) スクイーズパッキン（O リング，角リングなど）
		ピストンリング	
	回転用	オイルシール	用途により，多数の品種あり
		メカニカルシール	アンバランス型，バランス型
固定用シール		非金属	O リング，板状布入りゴムシート
		金属	鋼板，環状リング
		液体	液体ガスケット

7.2.1 オイルシール（JIS B 2402 : 1996）

オイルシールは，回転する軸に取り付けられ，油などが外部に流出しないように封入する役割を持つ．**図 7.1** に代表的なオイルシールの形状と取り付け法の概略図を示す．オイルシールは，金属環とゴムからできており，図のように軸端に設置される．リップ部と呼ばれる部分が，リング状のばねによって軸表面に押し付けられる構造となっており，これにより外部に油が漏れることを防ぐことができる．オイルシールが油漏れを防ぐメカニズムについては，リップ先端部と軸との接触状況を詳細に検討することで，理解できるようになってきた．

リップ先端部は，通常，軸との間に油が介在しており，リップ先端部の摩耗を防ぐとともに，油漏れを防いでいる．介在する油が不足すると，リップ先端部の摩耗が激しくなるので注意する必要がある．

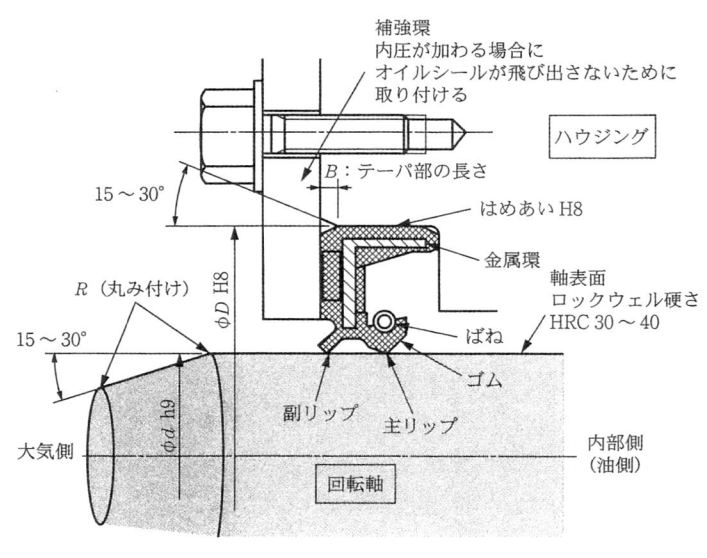

図 7.1 オイルシールの形状と取り付け法

(1) オイルシールの取り付け法

オイルシールは，リップ先端部と軸表面との間からの漏れを防ぐ形式であるので，リップ先端部が接触する軸表面の加工状態が，漏れに大きく影響する。

(a) 軸について
- 軸材料として，構造用炭素鋼，合金鋼を用い，軸表面の硬さは，ロックウェル硬さで HRC 30～40 が必要である。
- 軸表面については，軸方向に研削砥石を移動させずに行った研削加工表面が好ましい。その際の軸の表面粗さは，0.8～$2.5\ \mu\mathrm{m}Rz$ 程度の仕上げることが必要である。
- 軸の外周公差は，h 8 が推奨値であるが，h 11 まで許容可能。
- 軸端には，15～30°のテーパを付け，角にはR（丸み）をつけ，オイルシールの損傷を防ぐ。

(b) ハウジングについて
- ハウジング材料としては，鋼や鋳鉄が適している。軽合金の場合は，熱膨張が大きいため，オイルシールの外周がゴムになっているものを用いる。
- オイルシールとのはめあい面の表面粗さは，シール外周からの漏れを防ぐため，1.6～$12.5\ \mu\mathrm{m}Rz$ または 0.4～$3.2\ \mu\mathrm{m}Ra$ とする。
- はめあい公差は，H 8 を適用する。
- ハウジング穴入り口には，15～30°のテーパをつける。テーパの幅 B は，シール幅の 0.1～0.15 程度とする。

(2) オイルシールの種類と選定

オイルシールは，それを使用する条件にあった種々の形式がメーカーのカタログに準備されている。表 7.5 にオイルシール形状例を示す。大気側にダストが多い場合には，副リップのついたD型のオイルシールを用いる。また内圧としては，通常，0.03 MPa 程度であるが，0.3 MPa に対応できる形式もある。カタログ中には，使用条件を決定することで，容易にオイルシールの選定が可能となる手順が示されているものもあるので，それを参考にすればよい。

表 7.5 オイルシールの形式と種類（JIS B 2402）

形式	使用環境	種類	記号	図例	形式	種類	記号	図例
ばねありオイルシール	外部にダストがない場合	外周ゴムオイルシール	S		（グリースの漏れ防止用）ばねなしオイルシール	外周ゴムオイルシール	G	
		外周金属オイルシール	SM			外周金属オイルシール	GM	
		組立形オイルシール	SA			組立形オイルシール	GA	
	外部にダストが多く浸入を防ぐ場合	ちりよけ付き外周ゴムオイルシール	D					
		ちりよけ付き外周金属オイルシール	DM					
		ちりよけ付き組立形オイルシール	DA					

7.2.2　パッキン

空圧や油圧シリンダのように空気や油などの流体の漏れを防ぎながら，往復

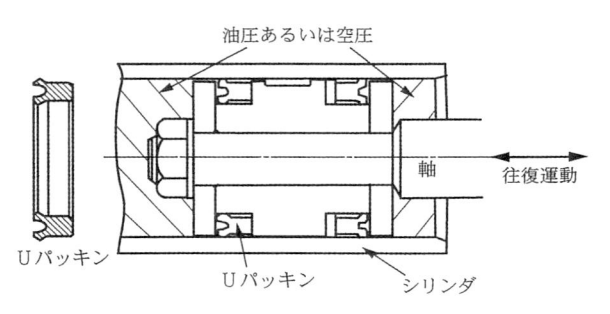

図 7.2　Uパッキンの形状と使用例

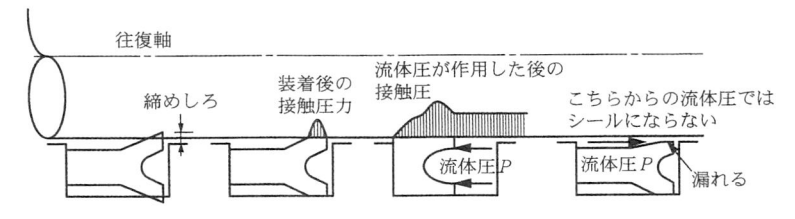

図 7.3　Uパッキンの動作原理

運動を行うために用いられるシールである．パッキンは，その形状から，Uパッキン，Vパッキンなど多数の種類がある．図 7.2 に形状と使い方の一例を示す．また図 7.3 には，Uパッキンの動作原理を示した．Uパッキンには，流体圧が低い場合には，接触圧が小さくなり，大きい場合には接触圧も大きくなるというセルフコントロール機能がある．またシール機能は取り付け方向によるので，注意する必要がある．パッキンの材質としては，一般にポリウレタンゴムやニトリルゴムなどの合成ゴムが使用されている．これらのパッキンは形式にもよるが，約 1～35 MPa の圧力範囲，0.3～1.5 m/s の速度範囲で使用可能である．

7.2.3　Oリング（JIS B 2401 : 1999）

Oリングは，図 7.4(a) に示すように，断面が円形をしたリング状のゴムシールで，固定用シールおよびストロークの短い運動用シールとして広く使用され

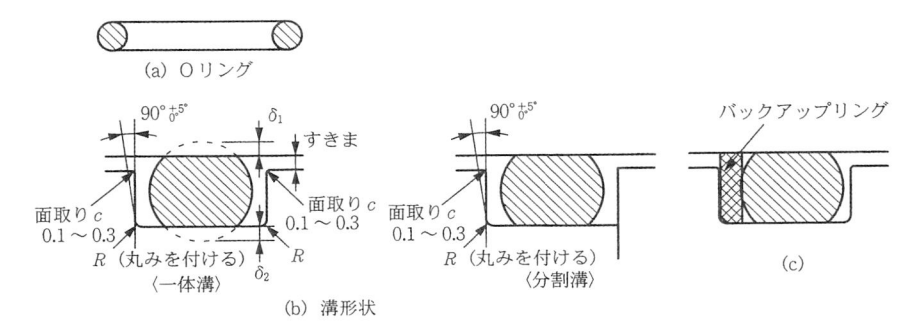

図 7.4　Oリングの使い方

ている。Oリングは，密封が必要なすきまを構成するいずれかの部材に長方形断面の環状溝を設け（図7.4(b)参照），その中にOリングをはめ込み，部材によって圧縮して用いる。Oリングは圧縮することで生じる弾性的な反発力を用いて密封機能を発揮する。

Oリングに使用する合成ゴムの材質には種々のものがあるが，密封する流体によっては，硬化したり膨潤（流体を吸収しOリングの体積が大きくなる）したりする場合があるので，カタログなどを参照のうえ選ぶ必要がある。

Oリングを取り付ける際には，以下のような点に注意を要する。

（1） 表面粗さ

Oリングと接触する部分の部材の表面粗さの目安を**表7.6**に示す。表面粗さが粗すぎると，シールの密封機能が低下し漏れを生じる。また運動用シールでは，粗すぎるとシールの移動によってゴムの摩耗が進み，密封機能が失われるおそれがある。

表 7.6 溝部の表面粗さ

(単位：μm)

機器の部分	用途	圧力のかかり方	表面粗さ	
			Ra	(参考)Rz
溝の側面および底面	固定用	平面	3.2	12.5
		円筒面	1.6	6.3
		振動あり	1.6	6.3
	運動用	バックアップリングを使用する場合	1.6	6.3
		バックアップリングを使用しない場合	0.8	3.2
Oリングのシール部の接触面	固定用	脈動なし	1.6	6.3
		脈動あり	0.8	3.2
	運動用		0.4	1.6
Oリングの装着用面取り部			3.2	12.5

（2） つぶししろとすきま

Oリングの圧縮量（つぶししろ＝$\delta_1+\delta_2$）は，Oリング断面の直径の8〜30%

表 7.7　バックアップリングを使用しない場合のすきま（2 g）の最大値

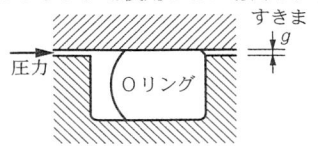

（単位：mm）

Oリングの硬さ （スプリング硬さ Hs）	すきま（はめあい公差域クラス 2 g）				
	使用圧力 [MPa]				
	4.0 以下	4.0 を超え 6.3 以下	6.3 を超え 10.0 以下	10.0 を超え 16.0 以下	16.0 を超え 25.0 以下
70	0.35	0.30	0.15	0.07	0.03
90	0.65	0.60	0.50	0.30	0.17

とする。小さすぎると十分な反発力が生ぜず，また大きすぎると圧縮永久ひずみの関係から反発力が減少する。Oリングには，密封する圧力によって横から力が加わることになるが，図 7.4(b) 中のすきまが大きくなると，その部分にOリングが押し込まれ，Oリングが破損する。表 7.7 に，すきまと密封圧力の関係を示す。密封圧力が高くなるにつれ，すきまを小さくしなければならない。なお，すきまを小さくできない場合やシールする圧力がOリングシールの限界を超える場合には，図 7.4(c) に示したバックアップリングを用いる。

(3)　引張り率

　Oリングを溝に取り付ける場合，Oリングの内径よりも，溝底面の直径を大きめにとるのが普通である。この際，Oリングは少し伸ばされるため，Oリングの円形断面直径は，その分細くなる。引張り率は，「(溝底面直径－Oリング内径)/Oリング内径」で与えられるが，引張り率が 0.05 以下になるようにする。引張り率が大きいと，劣化によるひび割れ現象が発生しやすくなる。

(4)　穴側部材端の面取り

　Oリングを持つ軸に穴側部材を挿入する場合には，Oリングの破損を防ぐために，穴側部材の端部に図 7.5 に示すような面取りを施す。

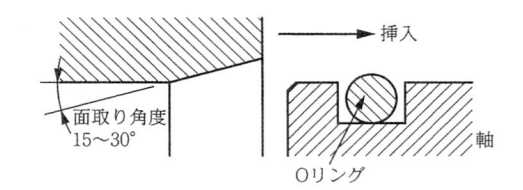

図 7.5　穴側端部の面取り法

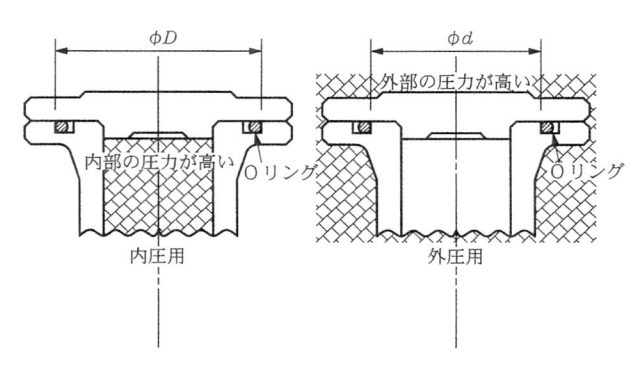

図 7.6　内圧, 外圧による取り付け法の違い

(5)　内圧, 外圧による取り付け法の相違

Oリングに内圧が加わるか, 外圧が加わるかにより, Oリングの取り付け方を変える（**図 7.6** 参照）。

第8章
製品を分解する

前章までに，種々の機械要素について，種類や選び方，使い方について述べてきた。機械製品は機械要素の組み合わせで成り立っているので，この章では実際の機械製品を分解することで，どのような機械要素が，どのように取り付けられ，どのように使われているか確かめてみることにする。

8.1 一軸送りテーブル（案内，ねじ，ばね）

　一軸送り案内とは，物体の持つ6自由度（図8.1参照）のうち，移動方向であるx方向を除き，他の5自由度を拘束した（動かないようにした）機構である。このような機構は，工作機械やAV機器，情報機器などあらゆる動く機械の基本となる機構として組み込まれている。一軸送りテーブルはテーブルを移動体とし，一方向にのみ移動を可能にした機構である。図8.2には二軸（直角2方向に移動可能）の送りテーブルを工業用ロボットシステムに応用した例を

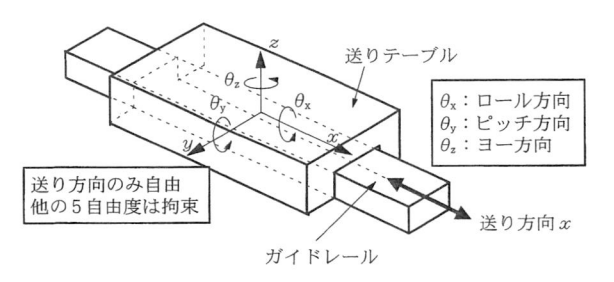

図 8.1　一軸送り案内

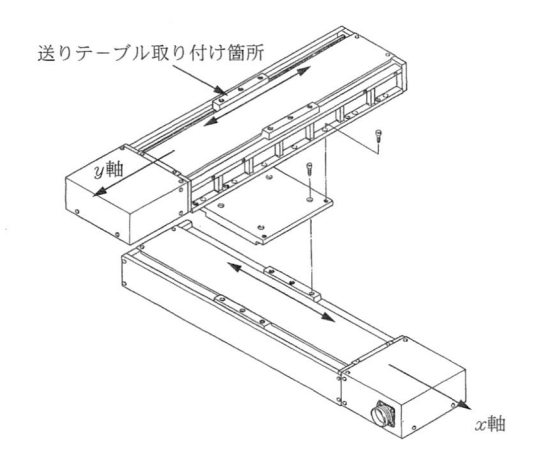

図 8.2　二軸送りテーブル案内[1]

示す．テーブルを任意の位置に動かし制御することによって，目的とする仕事を果たすことができる．

8.1.1　一軸送りテーブルの構成

図 8.3 に，本章で分解する一軸送りテーブルを示す．また図 8.4 に図面とその仕様を示す．この一軸送りテーブルは高精度のものであり，測定器など種々の精密機器に使用されている．

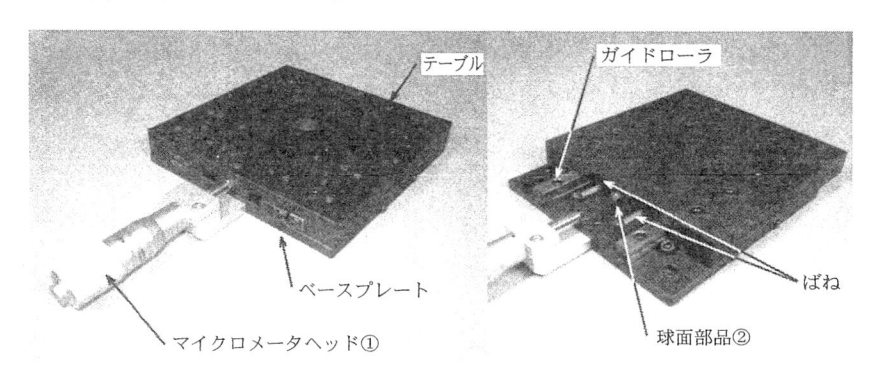

図 8.3　マイクロメータヘッド送りを持つ一軸送りテーブル（中央精機製）

(1)　送り要素

ストロークが±12.5 mm で手動であることから，送り要素としてマイクロメータヘッドを用いている．マイクロメータとは，図 8.5 に示すように，精密な三角ねじを使って一軸の送りを作り，測定するものを固定子と送り軸（マイクロメータヘッド）の間に挟み込んで，固定子との間の距離を測定することで，測定物の長さを測る測定器である．図 8.6 は，図 8.3 の①のマイクロメータヘッドを分解し，内部にある三角ねじを写したものである．三角ねじのピッチは，0.5 mm で，最小目盛りは，0.01 mm のものと 0.001 mm（副尺による）のものがある．マイクロメータの送りねじは，バックラッシュをできる限り小さくし，送り精度を高める工夫がなされている．この手法についてはここでは触れないが，機会があれば，マイクロメータを分解して自分で調べてみるとよい．

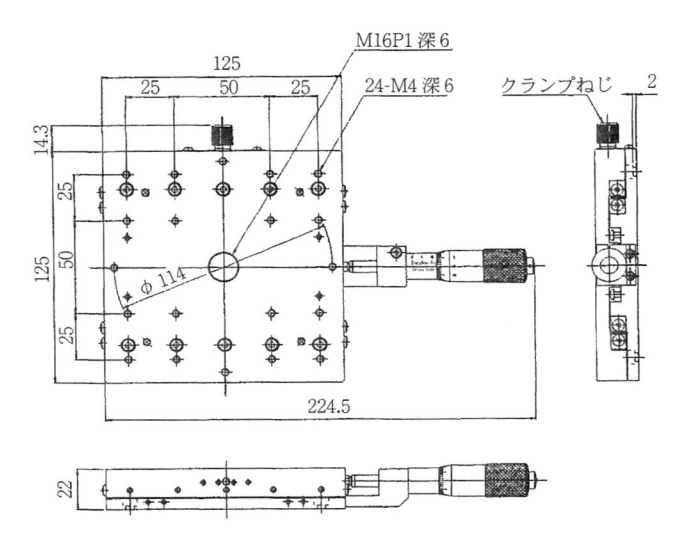

移動方向	X軸1方向
ステージ面	125mm × 125mm
移動量	±12.5mm
目量	マイクロメータ式 0.01mm
移動ガイド	V溝とクロスローラ
移動精度	真直度 0.003mm
	ヨーイング・ピッチング 15″
モーメント剛性	ヨー剛性 0.5sec/N・cm
	ピッチ剛性 0.5sec/N・cm
	ロール剛性 0.5sec/N・cm
平行度	0.03mm
耐荷重	245N
質量	2.5kg（鋼材）

図 8.4　分解する一軸手動送りテーブルの図面と仕様[2]

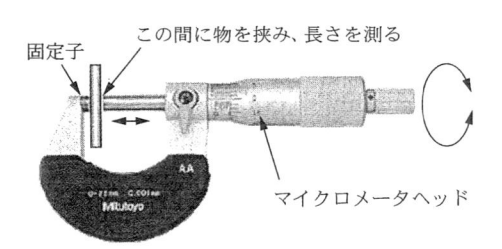

図 8.5　マイクロメータ（ミツトヨ製）

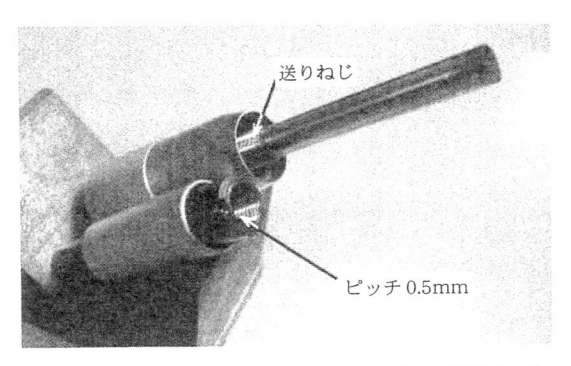

図 8.6　マイクロメータヘッドの内部（三角送りねじ）

(2)　案内要素

　直動の案内要素としては，転がり案内が大変使い易いが，この一軸テーブルにおいても転がり直動案内が使用されている。

　ここで使用されている直動転がり案内の種類は，クロスローラガイドといわれる種類であり，図 8.7 に示すように，2 本の案内レールにローラが挟まれた構造になっている。ローラは保持器によって送り方向に等間隔に保持されている。

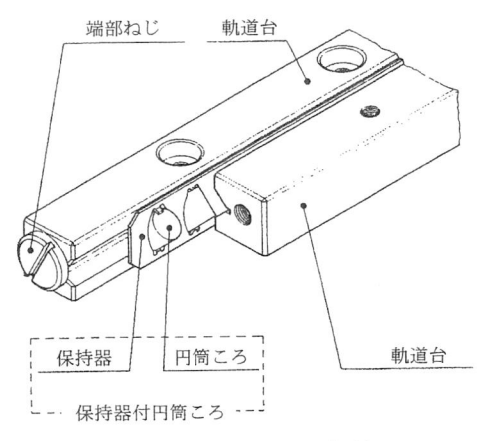

図 8.7　クロスローラガイド

(a) クロスローラガイドの取り付け法

このようなクロスローラガイドでは，ローラとレース間のすきまをゼロにして使用するか，あるいはわずかに予圧を与えて使用する。予圧は，一般には，**図 8.8** に示すように予圧調整ねじによって与えられる。一軸送りテーブルの側面を見てみると，確かに，予圧を与えるためのねじ穴が設けられている。このねじを取り外してみると，M2の六角穴付き止めねじが使われていた。

クロスローラガイドを取り付けるねじの締め付けトルクは，カタログに記載されており，**表 8.1** のようになっている。このような一定のトルクでねじを締め付けるための道具として，トルクレンチがある。

(b) 許容荷重と耐荷重について

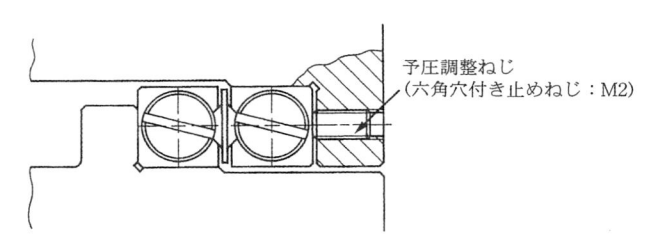

図 8.8 予圧調整ねじ

表 8.1 ねじの締め付けトルク

ねじの呼び	締め付けトルク [N・m]
M 3×0.5	1.8
M 4×0.7	4.0
M 5×0.8	8.0
M 6×1.0	13.0
M 8×1.25	32.0
M 10×1.5	64.0
M 12×1.75	110.0
M 14×2.0	170.0
M 16×2.0	270.0
M 18×2.5	370.0

クロスローラガイドのカタログには，ガイドに加わる荷重の大きさを制限するものとして，基本動定格荷重，基本静定格荷重，許容荷重の3種類の荷重を規定している．転がり軸受の場合と同様に，基本動定格荷重は寿命に関係し，基本静定格荷重は永久変形量に関係する．許容荷重は，転がり軸受にはない制限荷重であるが，最大接触応力を受ける接触部において，ローラとレース面との弾性変形量が，高精度で円滑な転がり運動を保証できる限界荷重をいう．分解した一軸送りテーブルは，真直度0.003 mmという高精度テーブルの移動精度を保証するものであるので，加わる荷重の限界値としては，許容荷重をあてることになる．ここで使用されているクロスローラガイドの許容荷重の値は2100 N×2対＝4200 Nであり，図8.4に示した一軸送りテーブルの耐荷重245 Nに比べてかなり大きい．しかし予圧量と精度との関係から，経験的にこの程度の耐荷重を設定しているという[4]．

(3) 締結要素

クロスローラガイドの取り付け方のところで述べたが，カタログには，ガイドを締結するねじの締め付け力の目安が述べられている．このガイドの場合，M4のねじを用いているので，そのときの締め付け力を表から読みとると，4.0 Nmとなる．M4のねじで，この締め付けトルクに耐えうる強度区分を表2.13

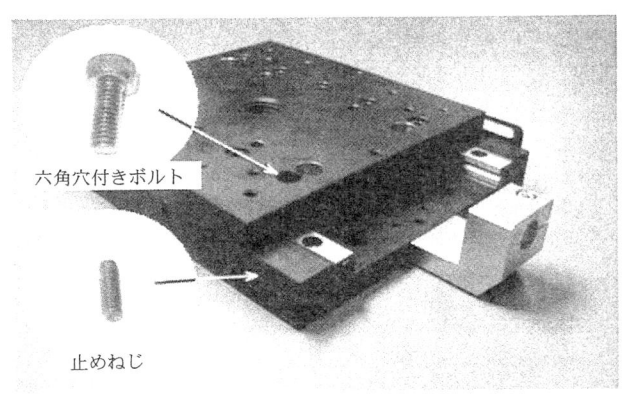

図 8.9 ローラガイドの取り付けに使われる六角穴付きボルト
　　　（止めねじは，予圧調整用）

から読みとると，10.9の強度区分になる。この区分のねじの種類としては，合金鋼を用いた六角穴付きボルトがあるが，実際の送りテーブルにもこの種類のねじが使われている。（図8.9）

（4）ばね

マイクロメータヘッド先端は回転するため，テーブルの端部とマイクロメータヘッドは，直接結合することはできない。よってテーブル端部に球面部品②（図8.3）を取り付け，マイクロメータヘッド先端部と球面部とが常に接触するように，ばねによって一方向に力を与えている。またばねをテーブルなどに固定するために，十字溝を持つ小ねじが使用されている。

8.1.2 テーブルとベースプレートの組立手順

テーブルとベースプレートの形状は，図8.10のようになっているが，テーブルとベースプレート，クロスローラガイドの組立は，次のように行われる。

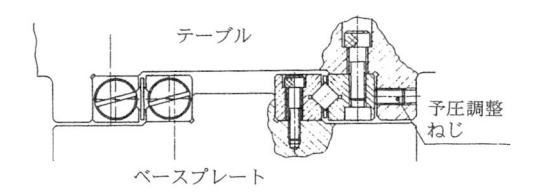

図8.10 テーブルとベースプレートの形状[3]

① クロスローラガイドは，1対のガイドレールと転動体であるころによって構成されている。まずベースプレートに1対のガイドレールの片側を取り付ける。クロスローラガイドは2セットを取り付けるが，それぞれベースプレートのA1, B1面, A2, B2面に密着するようにねじで規定のトルクで固定する。A1, A2面はベースプレートを加工する際に，平行になるように機械加工されている。さらに厳しい平行度が要求される場合は，距離 a をガイドレールの全長にわたって測り，平行度を確認する（図8.11(a) 参照）。

② テーブルに2本のガイドレールを取り付ける。2本のガイドレールのう

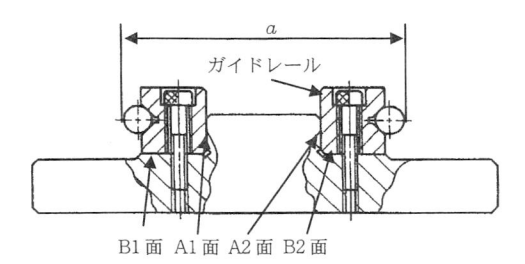

図 8.11(a)　ベースプレートにガイドレールを取り付ける[3]

ち1本は，テーブルのＣ1面に密着して固定する。他の1本は辺Ｃ2近傍に仮に軽く固定しておき，最後に予圧調整ねじで予圧を調整後，固定用ねじを締め付ける（図8.11(b)参照）。

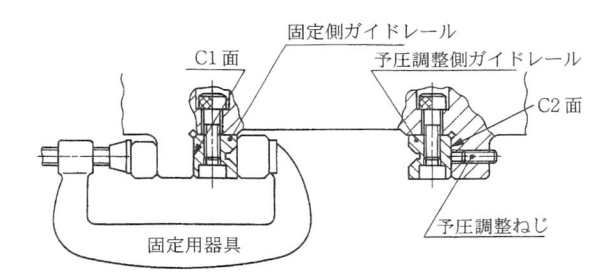

図 8.11(b)　テーブルにガイドレールを取り付ける[3]

③　ベースプレートとテーブルを組み立てて，ガイドレールの間にローラを挿入する（図8.11(c)参照）。
④　仮に固定していたテーブル側のガイドレールの側面より，予圧調整ねじ

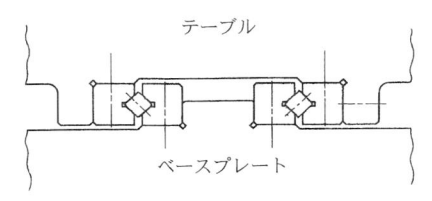

図 8.11(c)　ベースプレートとテーブル，クロスローラガイドの組立[3]

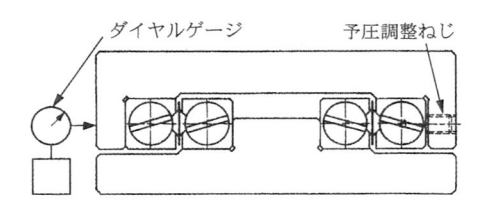

図 8.11(d)　予圧調整と精度調整[3]

を用いてガイドレールとローラのすきまがなくなるように調節する。一軸送りテーブルの精度は，この組立作業の善し悪しによるところが大きいので，上面や側面をダイヤルゲージを用いて計測し，精度やスムースな動きを確認する（図 8.11(d) 参照）。

8.2　インクジェットプリンタの機構
（歯車，軸受，ベルト，ばね）

インクジェットプリンタは，我々の身近にある機器の一つであるが，その中に使われている機構は，動力を伝達するというよりは，むしろ，正確な運動を行うことによって，機器の目的とする機能を果たすという意味合いが強い。情報機器や AV 機器のように，運動伝達を主目的とする機構を必要する場合に，どのような機械要素が使われているかを調べてみることにする。

8.2.1　インクジェットプリンタの構成

インクジェットプリンタの構成を考えるには，プリントをする際のプリンタの稼働手順を考えてみると良い。
　①　PC からプリントの指令を出す。
　② 　プリンタ用紙のトレイからプリンタ用紙がプリンタ内に供給される。
　③ 　インクジェットのヘッドが動き出すと同時に，プリンタ用紙は一定の運動規則に従ってプリンタ内を移動する。
　④ 　プリントを終え，用紙が外部に排出される。

以上のことから，インクジェットプリンタは，おもにプリンタヘッドの送り

機構と紙送り機構から成り立っていることが分かる。インクジェットプリンタの重要な技術は、インクジェットのヘッド部であることはいうまでもないが、この部分については分解することはできないので、ここでは触れないことにする。

8.2.2 締結要素

図 8.12 に、インクジェットプリンタを示す。このプリンタのカバーは、4個の小ねじによって固定されており、それを取り外すことによって、図 8.13 のように内部の機構が現れる。ケーシングや種々の部品を止めるために、多くの小ねじが使用されているが、その大きさは、特殊な箇所（コンピュータとのコネクタに付属するねじなど）を除いて、すべて統一されており、M3の丸小ねじが使用されている。小ねじの種類をむやみに増やさない工夫がされている。硬度の低いプラスチックを固定する場合には、接触圧を低減するために、座金が使用されている（図 8.14）。

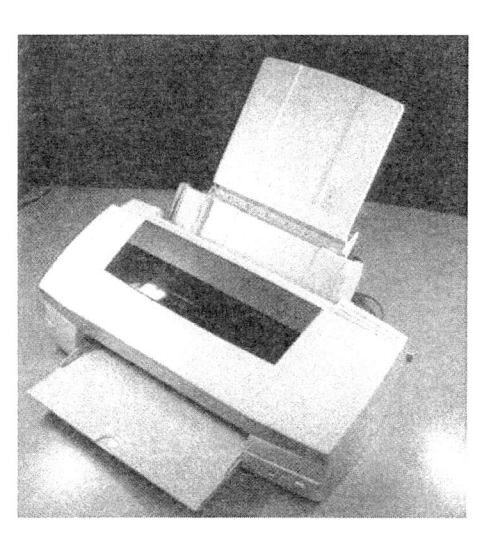

図 8.12　インクジェットプリンタ（エプソン製）

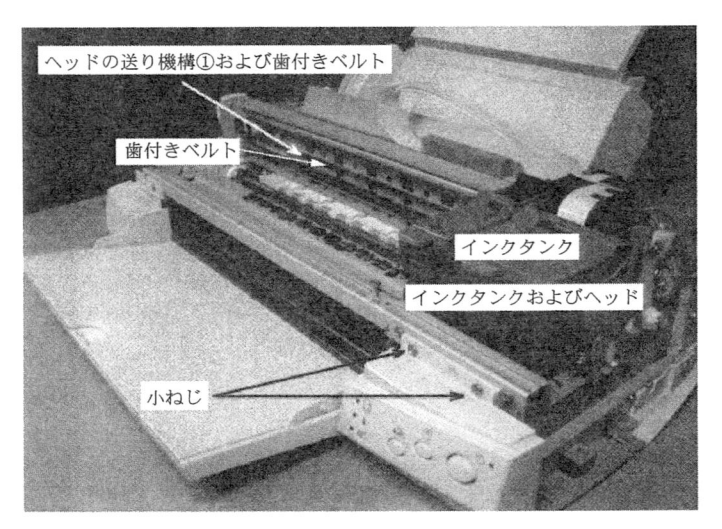

図 8.13 インクジェットプリンタの内部

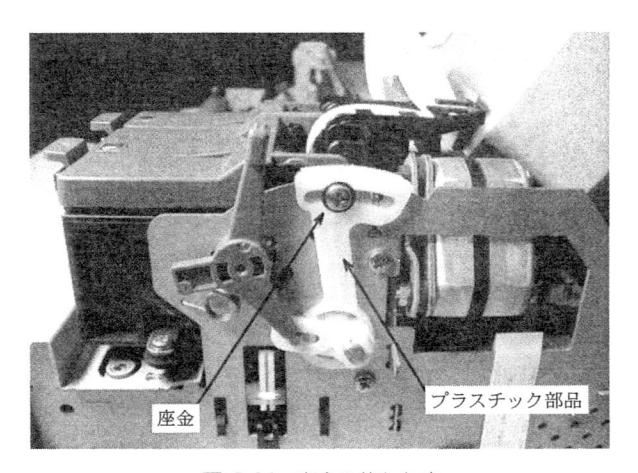

図 8.14 座金の使われ方

8.2.3 ヘッドの送り機構

図 8.13 における部分①がヘッドの送り機構である。インクジェットプリンタ

は，ヘッドから飛び出した微小なインクの液滴をプリンタ用紙上に付着させることで，文字などを印刷する。したがってプリンタ用紙上に印字するためには，ヘッドを一定速度でプリンタ用紙上を横切って移動させる機構が必要となる。

(1) 送り要素

ヘッドの送り機構は，図 8.13 から明らかなように歯付きベルトが使われている。歯付きベルトの一端は，ステッピングモータの軸に直接取り付けられた歯付きのプーリに巻かれている。ベルトの他端は，歯付きのプーリではなく円筒のプラスチックプーリに巻かれている。円筒のプラスチックプーリには，歯付きベルトにコイルばねを用いて張力を与えるための機構が取り付けられている (図 8.15 参照)。

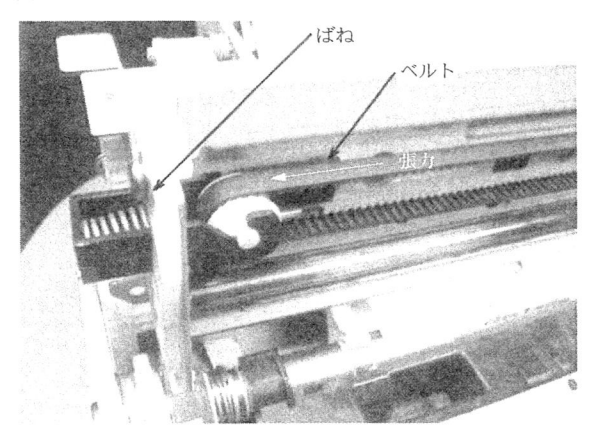

図 8.15　歯付きベルトへのばねによる張力の与え方

(2) 案内要素

ヘッドは，歯付きベルトのみでは移動するときのヘッドの高さを一定にできない。そこでヘッドの高さを一定に保ちながら移動するための案内要素が必要になる。案内要素の構成としては，丸棒に円筒形のすべり軸受を用いている (図 8.16 参照)。さらに，丸棒の案内だけではヘッドが回転してしまうので，ケーシングの直線部を案内として使用し，ヘッドをそこに沿わせる形で，ヘッドの回

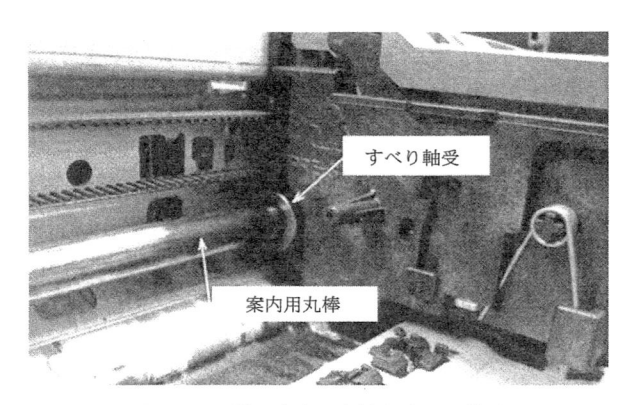

図 8.16 送り案内用丸棒とすべり軸受

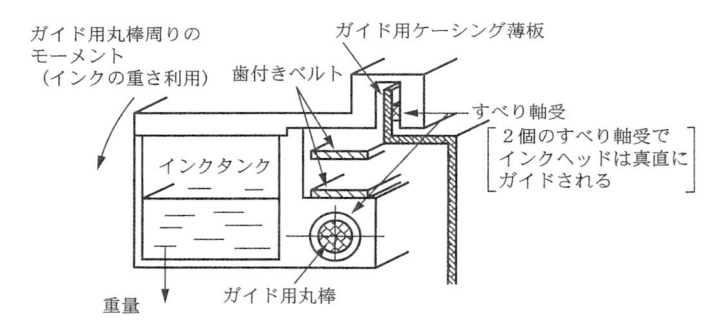

図 8.17 プリンタヘッドの直線案内機構

転を防いでいる（**図 8.17** 参照）。ケーシングへの押し付け力を与えるための機構は特になく，インクタンクの重さを利用してケーシングにモーメント荷重が加わるようにし，ヘッドがケーシング直線部から離れることを防いでいる。

8.2.4　ヘッドの上下移動機構

インクジェットプリンタのヘッドは，印刷する紙の厚さによってその高さ位置を上下できるようにしている。この機構は，案内に使われている丸棒を上下することで行われる。丸棒を上下させる方法としては，**図 8.18** に示すように，丸棒の中心から離れた場所を回転中心として，丸棒を回転させる手法がとられている。上部レバーを回転させる①と，それに伴い下部レバーが回転する②。

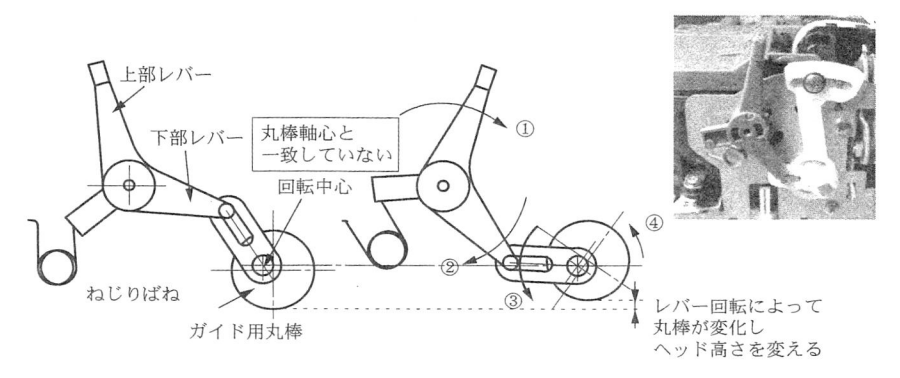

図 8.18 プリンタ用紙厚さ変化に対するヘッド高さ調節機構

すると下部レバーに連結されたガイド用丸軸のレバーが回転し③，丸棒の高さが変化する④。またこの際，ガタをなくすために，捻りばねが使用されており，リンクを一方向に押さえ付けている。

8.2.5 紙の送り機構

紙を送る機構は，プリンタ用紙の種類がいろいろとあり，またそれらの特性が変化するだけに，設計者の細かいノウハウが詰まっている機構と考えられる。

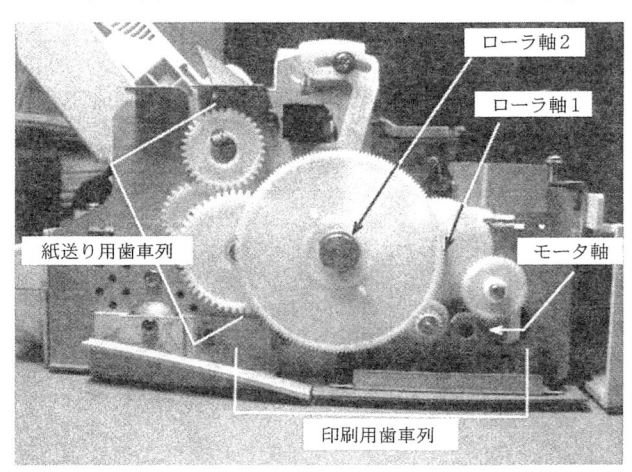

図 8.19 紙送り機構における2種類の歯車列

それらのノウハウは，おそらく一見しただけでは理解することはできないと思われるので，ここでは，外観から見た機構とそこに使用されている機械要素の役割について述べることにする。

紙送りで使われているおもな機械要素は，歯車とローラである。歯車はケーシングの横側に取り付けられており，モータ軸に直結されている金属製歯車を除き，すべてプラスチック製である。モジュールの違いから2種類の歯車列(図8.19参照)があることが分かる。モジュールの大きな歯車列(モジュール0.8)は，プリンタ用紙をトレイから印字箇所まで送るための歯車列であり，小さい歯車列(モジュール0.4)は，印字する際の紙送りに使用される。

(1) 印字用の紙送り機構

図8.20に，印字する際に使われている歯車列の概要を示す。ヘッドによる印字は，2個の回転ローラ1，2に挟まれた空間で行われる。回転ローラ1，2はその端に取り付けられた歯車列によって駆動されているが，それらの直径は少し異なっている。したがってこれらのローラを回転させる歯車列の減速比も異なっている。これは，回転ローラ1，2の周速を一致させるためである。ただし印字空間内で用紙が折れ曲がらないように，用紙に引張り力を与えていると思われるので，ローラ1の周速を，すこし速くしているかもしれない。

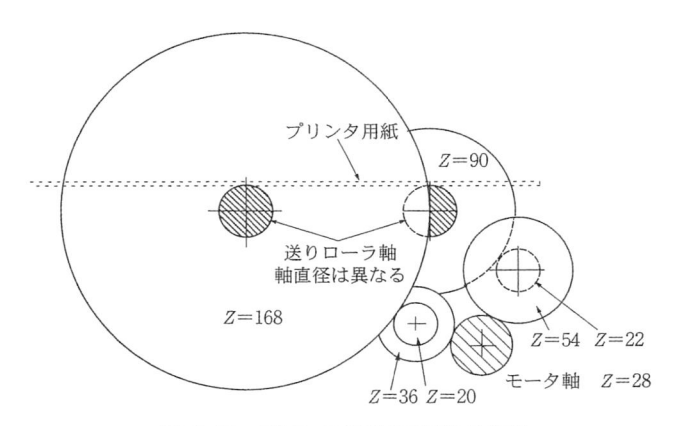

図 8.20　プリンタの印字用紙送り機構

いずれにしても，この紙送り機構の精度が，印字むらやずれなどの画質を決定することとなる重要な機構である。したがって，このローラを動かしている歯車列の精度は，精度の高いものが使用されている。これらの歯車は，市販されているわけではないので，各メーカーでその仕様を作って製作している。

(2) トレイからの紙送り機構

トレイからの紙送り機構は，用紙をプリンタ内に送り込むための機構であるが，トレイ部に取り付けられた紙送りローラを回転することで紙を送る（図8.21）。よって，このローラを回転させるための動力伝達機構が必要となる。ここでは，前述したように図8.19に示すような歯車列が使われている。この歯車列は，モータに取り付けられた歯車から離れた位置にあるトレイ部の送りローラを駆動するために構成されている。この機構の歯車は，印字機構の歯車よりは細かい送りを必要としないため，歯車のモジュールとしては0.8が用いられている。材料はプラスチックである。

またこの機構は，一度，用紙をプリンタ内に送り込んだ後は駆動する必要がなくなるので，簡単なクラッチ機構が取り付けられている。図8.22に示すように，トレイから紙送りを行う場合には，インクヘッドが左端に移動し，レバーを押す。このレバーを押すことによって，歯車2がトレイからの紙送り用の歯

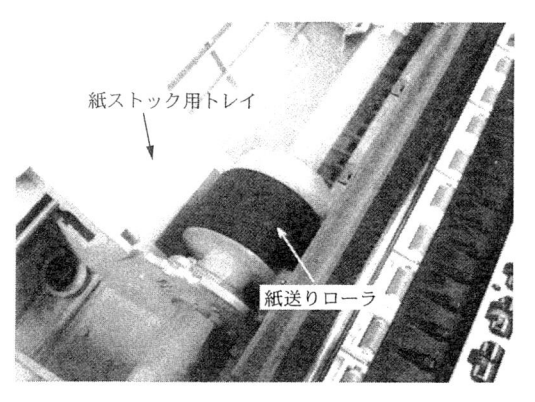

図8.21　トレイからの紙送り用ローラ

| 歯車1 |
| ばね |
| レバー |
| 歯車2 |

| インクタンク |
| インクタンクの端に設けられた突起 |

歯車2は，ばねで右方に押され，歯車1とかみ合っておらず，トレイからの紙送りが行われていない。

インクタンクが左端に移動し，レバーを押すことで歯車2が左方に押され，歯車1とかみ合い，トレイからの紙送りが行われる。

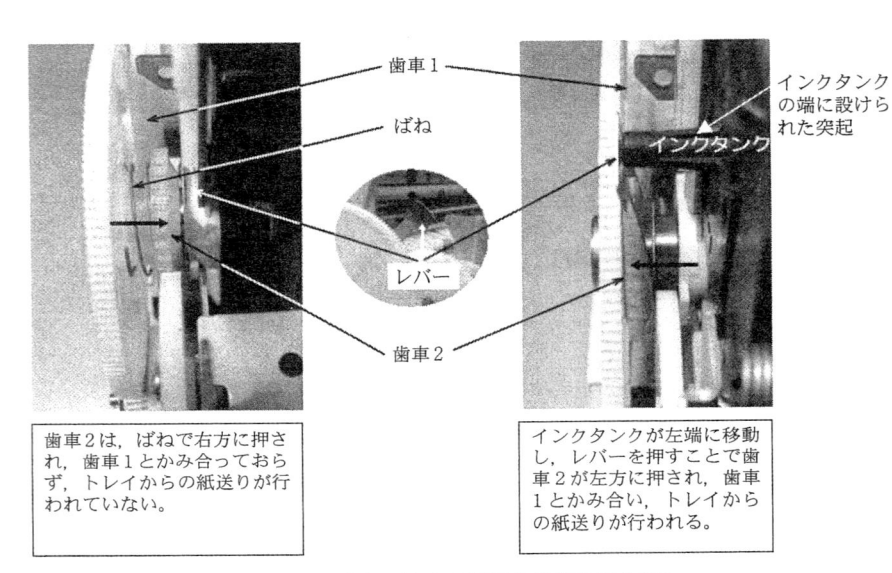

図 8.22 トレイからの紙送り機構の駆動方法

車列（歯車1）とかみ合うことになり，トレイから紙がプリンタ内に送り込まれる。印刷が始まると，ヘッドが左端から移動するため，歯車2がばねによって右側に押され，歯車1からはずれる。これで，トレイからの紙送りが終了する。

参考文献

1) 日本精工カタログ
2) 中央精機カタログ
3) 日本トムソンカタログ
4) 中央精機・技術資料

参 考 書

　本書は，機械工学を専門としない方やこれから機械工学を学ぼうとしている方を対象にして，機械要素についてやさしく解説した。下記は本書をまとめるにあたって参考にさせていただいた書籍であるが，より詳しく機械要素について学びたいという読者にとってもふさわしいかと思う。

1) 和田稲苗：機械要素設計，実教出版
2) 川北和明：機械要素設計，朝倉書店
3) 兼田楨宏，山本雄二：基礎機械設計工学，理工学社
4) 中島尚正：機械設計，東京大学出版
5) 中島尚正他6名：機械設計学，朝倉書店
6) 大西清：機械設計入門，理工学社
7) 錦林英一，田原久禎：ベアリングのおはなし，日本規格協会
8) 中里為成：歯車のおはなし，日本規格協会
9) 山本晃：ねじのおはなし，日本規格協会
10) 光洋精工株式会社編：転がり軸受，工業調査会
11) 大豊工業㈱，軸受研究グループ編：すべり軸受，工業調査会
12) ジャパンマシニスト社編集部：歯車，ジャパンマシニスト社

さくいん

【あ】

- アキシャル軸受 …………………… 92
- アキシャル内部すきま …………… 104
- 圧縮力 ……………………………… 14
- 圧電素子 …………………………… 13
- 圧力角 ……………………………… 139
- 穴基準方式 ………………………… 25
- 油潤滑 ……………………………… 106
- アルミニウム合金 ……………… 18, 122
- アンウィン ………………………… 20
- アンウィンの安全率 ……………… 21
- アンギュラ玉軸受 …………… 97, 105
- 安全率 ……………………………… 20
- 板ばね付きナット ………………… 58
- 位置決め用ボールねじ …………… 65
- 一軸送りテーブル ………………… 177
- 一条ねじ …………………………… 31
- 1段歯車機構 ……………………… 154
- インクジェットプリンタ ………… 184
- インボリュート …………………… 137
- インボリュート歯車 ……………… 142
- 植え込みボルト …………………… 45
- 内歯車 ……………………………… 155
- 運動自由度 ………………………… 111
- 運動用シール ……………………… 167
- 永久変形 …………………………… 87
- 円すいころ ………………………… 92
- 円筒ころ …………………………… 92
- エンドプレイ ……………………… 82
- オイルシール ………………… 167, 168
- 応力 ………………………………… 15
- 応力集中 …………………………… 78
- 応力集中係数 ……………………… 79
- 応力振幅 …………………………… 20
- オーバレイ ………………………… 122
- 送り機構 …………………………… 186
- 送りテーブル ……………………… 111
- 送り用ねじ ………………………… 33
- 押さえボルト ……………………… 44
- おねじ ……………………………… 30
- オルダム軸継手 …………………… 84

【か】

- カーデュロ …………………… 20, 28
- 回転精度 …………………………… 100
- ガイドレール ……………………… 182
- 外輪 ………………………………… 92
- 角ねじ ……………………………… 63
- 滑動型 ……………………………… 86
- 完全硬化鋼 ………………………… 109
- 含油軸受 …………………………… 119
- キー ………………………………… 84
- 機械の構成 ………………………… 10
- 機械要素 …………………………… 10
- 危険速度 …………………………… 80
- ギザ付きばね座金 ………………… 59
- 基準強さ …………………………… 20
- 基礎円 ……………………………… 138
- 基礎円直径 ………………………… 138
- 軌道輪 ……………………………… 92
- 基本定格荷重 ……………………… 97
- キャリヤ …………………………… 155
- 境界・混合潤滑案内 ……………… 129
- 境界潤滑案内 ……………………… 129
- 境界潤滑領域 ……………………… 116
- 共通接線 …………………………… 138
- 強度区分 …………………… 48, 181
- 許容応力 …………………………… 20
- 許容回転数 ………………………… 99
- 許容荷重 …………………………… 180
- 許容最高速度 ……………………… 130
- 許容ねじり応力 …………………… 76
- 許容曲げ応力 ……………………… 76
- 許容面圧 …………………………… 130
- 切り下げ …………………………… 148
- 金属ばね …………………………… 164
- 空気ばね …………………………… 164
- くさび膜効果 ……………………… 120
- 管ねじ ……………………………… 35
- 駆動軸 ……………………………… 135
- 組み合わせ力 ……………………… 75
- グリース …………………………… 106
- グリース潤滑 ……………………… 106
- クロスローラガイド ……………… 179
- クロム鋼 …………………………… 18
- クロムモリブデン鋼 ……………… 18
- ケルメット ………………………… 122

嫌気性接着剤	59	自在軸継手	84
減衰性	125	絞り	124
減速歯車機構	154	絞り膜効果	119, 120
公差域	22	しまりばめ	21
公差等級	24	締め込み型	86
剛性	125	締めしろ	103
高速安定性	126	締め付けトルク	56
高炭素クロム鋼	109	締め付け力	56
勾配キー	87	ジャーナル軸受	114
降伏応力	16	車軸	76
降伏点	16	従動軸	135
小形六角ナット	40	樹脂	118
小形六角ボルト	40	十点平均粗さ	28
国際標準化機構規格	11	寿命時間	98
固体潤滑	116	潤滑	115
固体潤滑剤	117	潤滑状態	115, 117
固定軸継手	82	潤滑油の粘度	115
固定用シール	167	正面組み合わせ	97
小ねじ	45, 185	浸炭	74
ゴムばね	164	垂直荷重	115
転がり軸受	90, 92	すぐばかさ歯車	137
転がり軸受の材料	107	スター型	157
転がり軸受の精度	100	スティック・スリップ	65
転がり（直動）案内	111	スパイラル溝	123
転がり摩擦	90	スピンドル	71
混合潤滑領域	116	スプロケット	157
		すべり案内	129
【さ】		すべり軸受	114
最大高さ粗さ	27	すべり速度	115
座金	47	すべりねじ	61
三角ねじ	33, 62	すべり摩擦	90
算術平均粗さ	27	スラスト軸受	92, 114
三条ねじ	32	寸法系列	94
シール	167	寸法公差	22
磁気軸受	128	寸法公差記号	24
軸受	90	寸法精度	100
軸受外径	94	静圧型	119
軸受角部	94	静圧型流体潤滑軸受	123
軸受形式	100	静圧空気軸受	124
軸受すきま	124	静圧空気ねじ	67
軸受内径	94	静圧ねじ	61, 67
軸受のはめあい	103	静定格荷重	97
軸受幅	94	正転位	149
軸基準方式	25	精度等級	100
軸継手	81	設計動力	161
軸の標準寸法	72	セルフコントロール機能	171
軸力	75	せん断強度	87
自己潤滑案内	129		

さくいん

せん断力	14
全ねじ六角ボルト	40
層状構造体	118
増速歯車機構	154
相当ねじりモーメント	76
相当曲げモーメント	76
ソーラ型	157
速度比	141
塑性変形	16

【た】

耐圧痕性	107
耐圧性	122
耐荷重	180
台形ねじ	63
耐摩耗性	74, 107
ダイヤルゲージ	184
太陽歯車	155
耐力	16, 48
多孔質材	67, 119
多条ねじ	32
タッピングねじ	45
玉	92
たわみ軸	71
たわみ軸継手	82
単一ピッチ誤差	147
ダンカレーの実験式	81
弾性限度	16
弾性変形	16
炭素鋼	17
段付き軸	78
段付き部	80
断面曲線	26
チェーン	157
力伝達用ねじ	33
窒化	74
中間ばめ	21
中心間距離	138
鋳鉄	16
直動案内	90
直径系列	96
疲れ寿命	97
疲れ強さ	55, 74
定圧予圧	106
定位置予圧	106
定格寿命	98
締結用ねじ	33
締結用ねじ部品	36

転位係数	149
転位歯車	148
転位量	149
伝動軸	70
転動体	92
伝動動力容量	161
動圧型	119
動圧型流体潤滑軸受	119
銅合金	18
通しボルト	43
等速歯車機構	154
動定格荷重	97
とがり限界	150
止めねじ	45
止め輪	102
トルクレンチ	59, 180

【な】

内外輪のはめあい	103
内部すきま	104
内輪	92
なじみ性	122
ナットの強度区分	53
並目ねじ	35
軟鋼	14
軟質金属	118
二重ナット	58
二条ねじ	32
2段歯車機構	154
ニッケルクロムモリブデン鋼	18
1/2ホワール	126
日本工業規格	11
ねじ	30
ねじ軸	64
ねじの表し方	38
ねじの等級	39
ねじの有効断面積	49
ねじの緩み	57
ねじ部品	48
ねじ山の角度	33
ねじ用部品のサイズ	36
ねじりモーメント	75
ねじれ角	30
熱処理	74

【は】

歯厚	148
背面組み合わせ	97
配列	101

歯形係数	152	プラスチック系材料	118
歯形誤差	147	プラネタリ型	157
歯車伝動	135	フレーキング	98
歯車の強度	150	平行キー	86
歯車の精度	146	並列組み合わせ	97
歯車の創成	142	ベースプレート	182
歯車の面圧強度	153	ヘリングボーン溝	123
歯数比	141	ベルト	157
歯すじ	135	ベルト長さ	161
はすば歯車	137	ベルトの取り付け誤差	160
歯たけ	140	偏角	82
歯付きベルト	157, 160	偏心	82
パッキン	170, 171	ボールねじ	61, 64
バックアップリング	173	ボールねじの規格	65
バックラッシ	63, 147, 177	保持器	92
ばね	164	保証荷重	49, 53
ばね座金	48, 59	保証荷重応力	49
ばねの仕様書	167	補助軸	156
歯末のたけ	140	細目ねじ	35
はめあい	21	ボルトの強度区分	48
はめあい面	169	ホワイトメタル	122
歯元	140	【ま】	
半月キー	87	マイクロメータ	177
搬送用ボールねじ	65	マイクロメータヘッド	177
被削性	107	巻き掛け伝動	135, 157
ひずみ	15	曲げ強度	151
左ねじ	32	曲げモーメント	75
ピッチ	30	摩擦駆動	135
ピッチ円	138	摩擦係数	116
ピッチ円直径	139	摩擦損失	106
ピッチング	153	みがき棒鋼材	73
引張り強さ	16, 48	右ねじ	32
引張り率	173	ミニチュアねじ	35
引張り力	14	無段変速機	135
標準数	73	メートル台形ねじ	36
表面粗さ	26, 169, 172	メートルねじ	35
表面硬化鋼	109	メカニカルシール	167
平座金	48	めねじ	30
平歯車	135	面圧強度	87
平ベルト	157	面取り	173
比例限度	16	モジュール	139
疲労限度	20	【や】	
プーリ	157	焼入れ	74
深溝玉軸受	94	焼戻し	74
普通型	86	やまば歯車	137
普通すきま	105	有効径	30
部品等級	36	有効径六角ボルト	40

遊星歯車 ······················· 155
遊星歯車機構 ··················· 155
ユニファイねじ ·················· 35
予圧 ····················· 65, 105, 180
呼び径六角ボルト ················· 40
呼び内径 ························ 96
呼び番号 ························ 96

【ら】

ラジアル軸受 ···················· 92
ラジアル内部すきま ·············· 104
ラック ························· 142
ラック工具 ····················· 142
リード ·························· 30
リード角 ························ 30
リーマボルト ···················· 43
リップ部 ······················· 168
流体潤滑案内 ··················· 129
流体潤滑領域 ··················· 116
両歯面かみ合い誤差 ·············· 147

輪郭曲線 ························ 26
六角穴付き止めねじ ·············· 180
六角穴付きボルト ················ 42
六角低ナット ···················· 41
六角ナット ······················ 40
六角ボルト ······················ 40

【英字】

dn 値 ························· 100
Hertz の弾性接触理論 ············ 153
ISO 規格 ························ 11
JGMA ························· 153
JIS 規格 ························ 11
O リング ··················· 167, 171
S-N 曲線 ························ 20
Stribeck 曲線 ·················· 116
U パッキン ····················· 171
V パッキン ····················· 171
V ベルト ··················· 157, 158

著者略歴

吉本　成香（よしもと・しげか）

- 1975 年　東京理科大学理工学研究科機械工学専攻修士課程修了
- 1975 年　東京理科大学工学部機械工学科助手
- 1994 年　東京理科大学教授
- 2016 年　東京理科大学名誉教授
  　　　　現在に至る　工学博士

専　門　機素潤滑（特に流体潤滑軸受の性能改善のための研究に従事），
　　　　超精密位置決め技術など

著　書　「超精密位置決め技術」（共著），フジテクノシステム
　　　　「ANSYS 工学解析入門」（共著），理工学社
　　　　「機械設計」（共著），理工学社 など

受賞歴　1985 年度日本機械学会賞奨励賞
　　　　1995 年度日本機械学会論文賞
　　　　2002 年度日本機械学会生産・加工部門優秀講演論文表彰
　　　　2003 年度日本機械学会機素潤滑部門優秀講演賞,
　　　　精密工学会高城賞
　　　　2005 年度日本機械学会教育賞 など

はじめての機械要素　　　　　　　　　　　　　　　©吉本成香　*2011*

2011 年 4 月 5 日　第 1 版第 1 刷発行　　【本書の無断転載を禁ず】
2025 年 3 月 10 日　第 1 版第 8 刷発行

著　者　吉本成香
発行者　森北博巳
発行所　森北出版株式会社
　　　　東京都千代田区富士見 1-4-11（〒102-0071）
　　　　電話 03-3265-8341／FAX 03-3264-8709
　　　　https://www.morikita.co.jp/
　　　　日本書籍出版協会・自然科学書協会　会員
　　　　JCOPY <(一社)出版者著作権管理機構　委託出版物>

落丁・乱丁本はお取替えいたします　　　　　印刷・製本／ワコー

Printed in Japan／ISBN978-4-627-66821-8

MEMO